U0358969

華中科技大學出版社
http://www.hustp.com

中国 · 武汉

目录

献灯……5
东大寺大佛殿前的八角灯笼……5
春日大社回廊的万灯笼……6
平等院凤凰堂前的六角灯笼……7
玄关前的灯笼……9
桂离宫的织部灯笼……9
吉田邸的六角灯笼……11
何有庄的柚之木灯笼……12
北村邸的朝鲜灯笼……13
堀内家的六角灯笼……14
宗徧流茶道会馆的创作灯笼……15
松之茶屋的宝箧印塔……17
香川县厅的创作灯笼……18
苑路上的灯笼……19
桂离宫的灯笼……19
修学院离宫的灯笼……22
冈山后乐园曲水旁的水萤灯笼……24
劝修寺的劝修寺灯笼……26
千秋阁的置灯笼……27
成就院书院西侧的三角灯笼……28
对龙山庄的灯笼……29
白沙村庄的灯笼……32
北村邸的八角灯笼……35
林屋邸的旧小町寺灯笼……35

实测图 · 解说一

献灯……38
玄关前的灯笼……39
苑路上的灯笼……49

池畔的灯笼……75
桂离宫的灯笼……75
成就院的灯笼……79
冈山后乐园的雪见灯笼……80
传法院书院前的雪见灯笼……81
兼六园的灯笼……82
古峰神社的灯笼……82
北村邸的灯笼……85
金地院的织部灯笼……86
孤蓬庵的灯笼……89
真如院枯流旁的瓜实灯笼……90
筑山上的灯笼……91

池畔的灯笼 75
桂离宫的灯笼 75
成就院的灯笼 79
冈山后乐园的雪见灯笼 80
传法院书院前的雪见灯笼 81
兼六园的灯笼 82
古峰神社的灯笼 82
北村邸的灯笼 85

实测图 · 解说二

池畔的灯笼 100
筑山上的灯笼 125

茶庭的灯笼 133
表千家不审庵的灯笼 133
武者小路千家的灯笼 140
薮内家的灯笼 142
堀内家的灯笼 145
久田家的八角灯笼 148
仁和寺的灯笼 150
对龙山庄的六角灯笼 151
妙喜庵的妙喜庵灯笼 151
孤篷庵的灯笼 152
成异阁的六角灯笼 156

实测图 · 解说三

茶庭的灯笼 158

灯笼的技法 191
概论 灯笼的构成 202

实测图说明

为了尽可能多登载些灯笼的细节和剖面图，因此实测图中省略了局部图和平面图。

为了避免同一页中平面图重复这一现象，在每一个解说后面附上平面图。

为了更加明确地表明建筑与灯笼的关系，增加了局部图、平面图、布局图。

比例尺按照容易换算的1:6、1:8、1:10、1:15的比例进行缩略。

飞石和灯笼等物体的高度以庭院为参照基准（B・M）来设定，用+、−号表示。

平面图的尺寸以米为基准，细节图以尺贯法（日本固有的度量衡制）表示。

一部分狭小的斜面处标注有等高线。

把橡树标记为橡，柃木标记为柃，像这样以缩略的形式表示植被的名字。

献灯

东大寺大佛殿前的八角灯笼

春日大社回廊的万灯笼

平等院凤凰堂前的六角灯笼

玄关前的灯笼

桂离宫的织部灯笼

上 = 景观图
下 = 回视图
左 = 整体图

吉田邸的六角灯笼

左 = 整体图
右上 = 灯室右面 左上 = 灯室正面
右下 = 灯室右面 左下 = 灯室左面

何有庄的柚之木灯笼

上 = 景观图
左 = 整体图

北村邸的朝鲜灯笼

上 = 景观图
左 = 整体图

堀内家的六角灯笼

宗徧流茶道会馆的创作灯笼

松之茶屋的宝箧印塔

左 = 景观 右上 = 整体图
左上 = 塔身左面 中 = 塔身正面
右下 = 塔身背面 左下 = 塔身右面

香川县厅的创作灯笼

上 = 前庭俯瞰图
下 = 整体图

苑路上的灯笼

桂离宫的灯笼

上 = 桂离宫 笑意轩前的三角灯笼
下 = 桂离宫 赏花亭东面的水萤灯笼

上 = 从苑路方向看
下 = 从梅马场方向看

修学院离宫的灯笼

上 = 下茶屋寿月观前池泉中岛景观
右下 = 袖形灯笼
左下 = 朝鲜灯笼

上 = 从苑路方向看
下 = 整体图

冈山后乐园曲水旁的水萤灯笼

右＝景观
上・下＝整体图

劝修寺的劝修寺灯笼

上 = 从书院前方向看
下 = 整体图

千秋阁的置灯笼

上 = 景观
下 = 整体图

对龙山庄的灯笼

上 = 对龙山庄泽渡旁的置灯笼
下 = 对龙山庄聚远亭北的朝鲜灯笼

左 成就院书院西侧的三角灯笼

左 = 从站立方向看
右 = 整体图
左上 = 上部
左下 = 柱子

白沙村庄的灯笼

下 = 景观
左上 = 支柱 右上 = 整体图

上 = 整体图
下 = 景观

北村邸的八角灯笼

左 = 景观
上 = 上部 下 = 基座

林屋邸的旧小町寺灯笼

上 = 上部
下 = 基座

林屋邸的旧小町寺灯笼

实测图·解说一

平等院 凤凰堂前六角灯笼 正面

对神佛的皈依、崇拜、供养的方法有很多，大到建造神社、佛阁，小到供香献灯。其中，最基本的方法是供香和献灯。

灯笼是一种庭院里的照明工具，与佛教同时传入日本，最常见的是建在佛殿的正面。镰仓时期重建的东大寺大佛殿前的金铜八角灯笼和法华堂前的石灯笼，在奈良留存许多这样的灯笼。即使进入平安时期后，也能在平等院凤凰堂和净琉璃寺等地方看到。

献灯代表着崇敬，通常是左右各放一对，也就是两对。随着献灯形式的多样化，出现了千灯、万灯等献灯数量。春日大社等寺庙都有这样的典型例子。

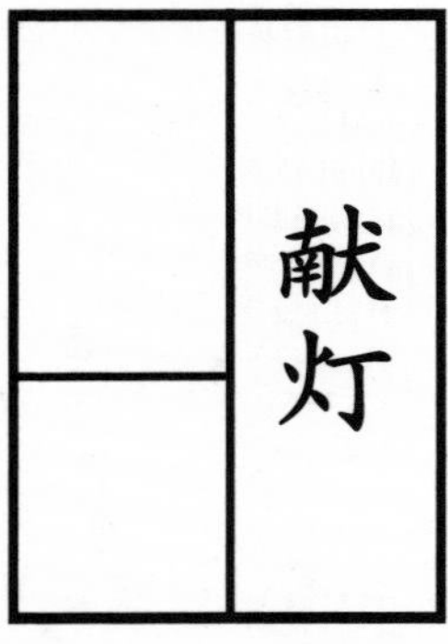

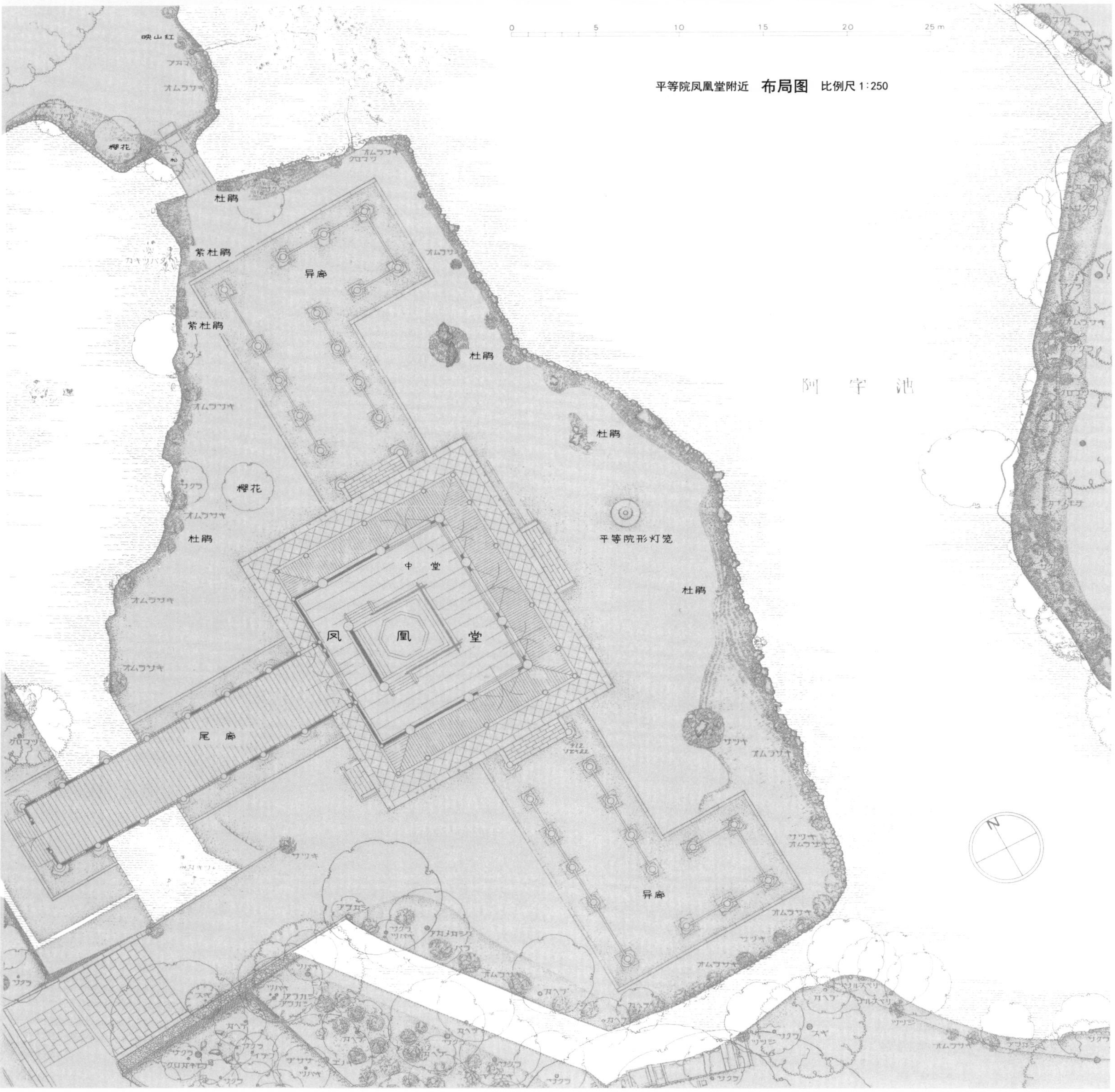

平等院凤凰堂附近 **布局图** 比例尺 1:250

献灯 实测图

玄关前的灯笼

篝火、火把是古代的照明工具，因此在门和玄关等处，需要亮光时就随时点上篝火和火把。

石灯笼作为庭院的照明工具，据说利休将其使用在露天小道上。感受着京都东山的鸟边野（这附近有许多墓地）余光微存的石灯笼营造出的气氛，这就是露天小道上的灯笼的用法。

古例中石灯笼极少被摆放于玄关周围。桂离宫的御与寄前的织部灯笼十分有名，据说也是江户中期才摆放在此处的。但是，将石灯笼摆放在玄关，不仅发挥了照明的作用，其造型也给玄关增添了独特的趣味。不仅是石灯笼，其他的石器制品也被摆放于玄关周围作为装饰。近年来，更是不断研发设计出了许多与现代玄关相搭配的新型照明工具。

桂离宫的织部灯笼

这个织部灯笼不仅作为苑路和御与寄前台阶的照明工具，也是通往月波楼的茶庭门的标志。可以看到桂离宫内有6座相同样式的灯笼，顶盖部分具有光泽感，可以推测这是照搬宫殿前灯笼的顶盖设计。元禄时期所描绘的《桂御别庄全图》作品中，此处并没有灯笼，在这之后的家仁亲王时期（宝历、明和年间）左右，此处才摆放了灯笼。

中门经过仿真飞石后，首先可以看到这个灯笼，这是景物转换的设计技巧。

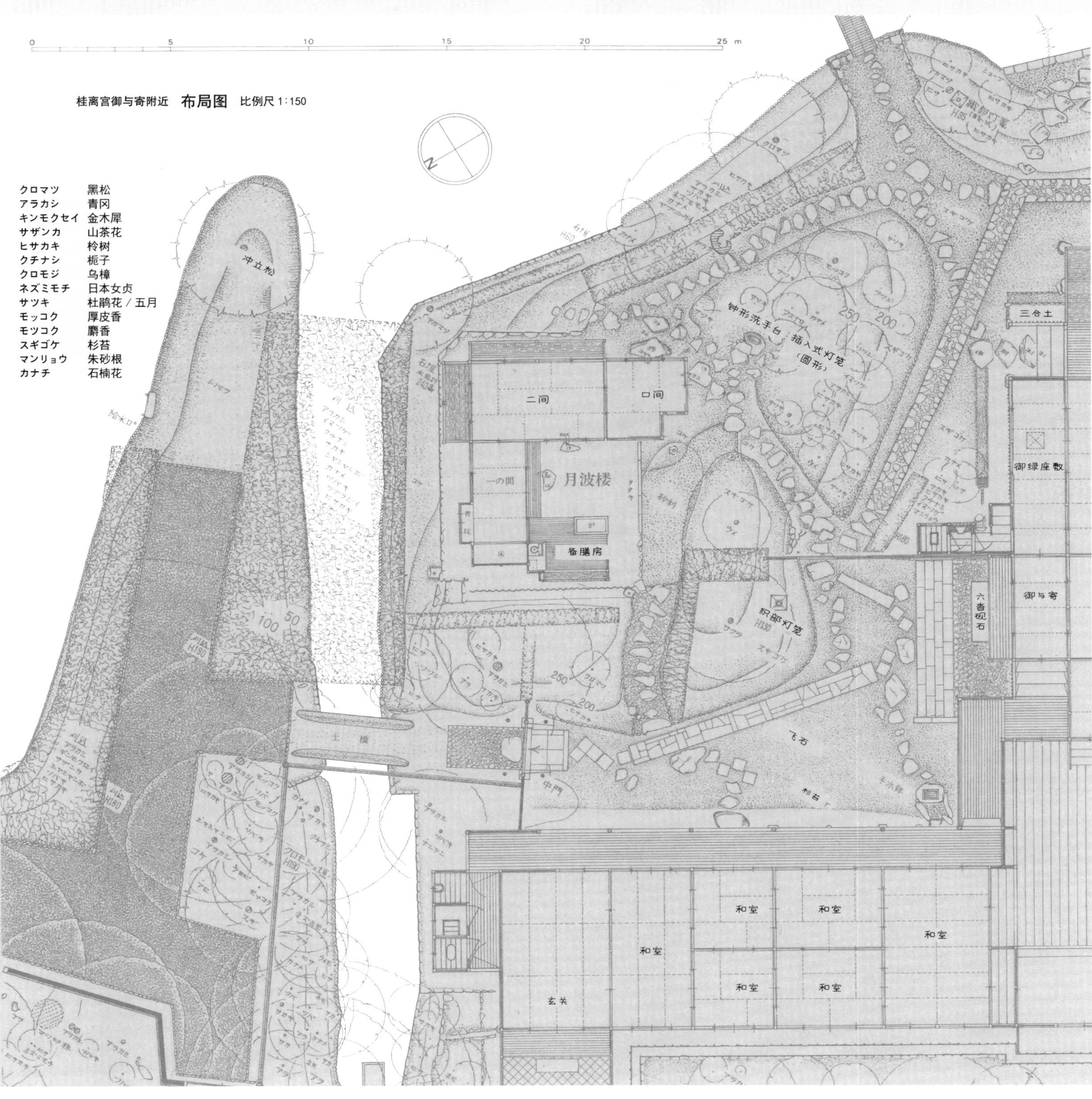

玄关前的灯笼 实测图

※1971年10月—1972年1月实测

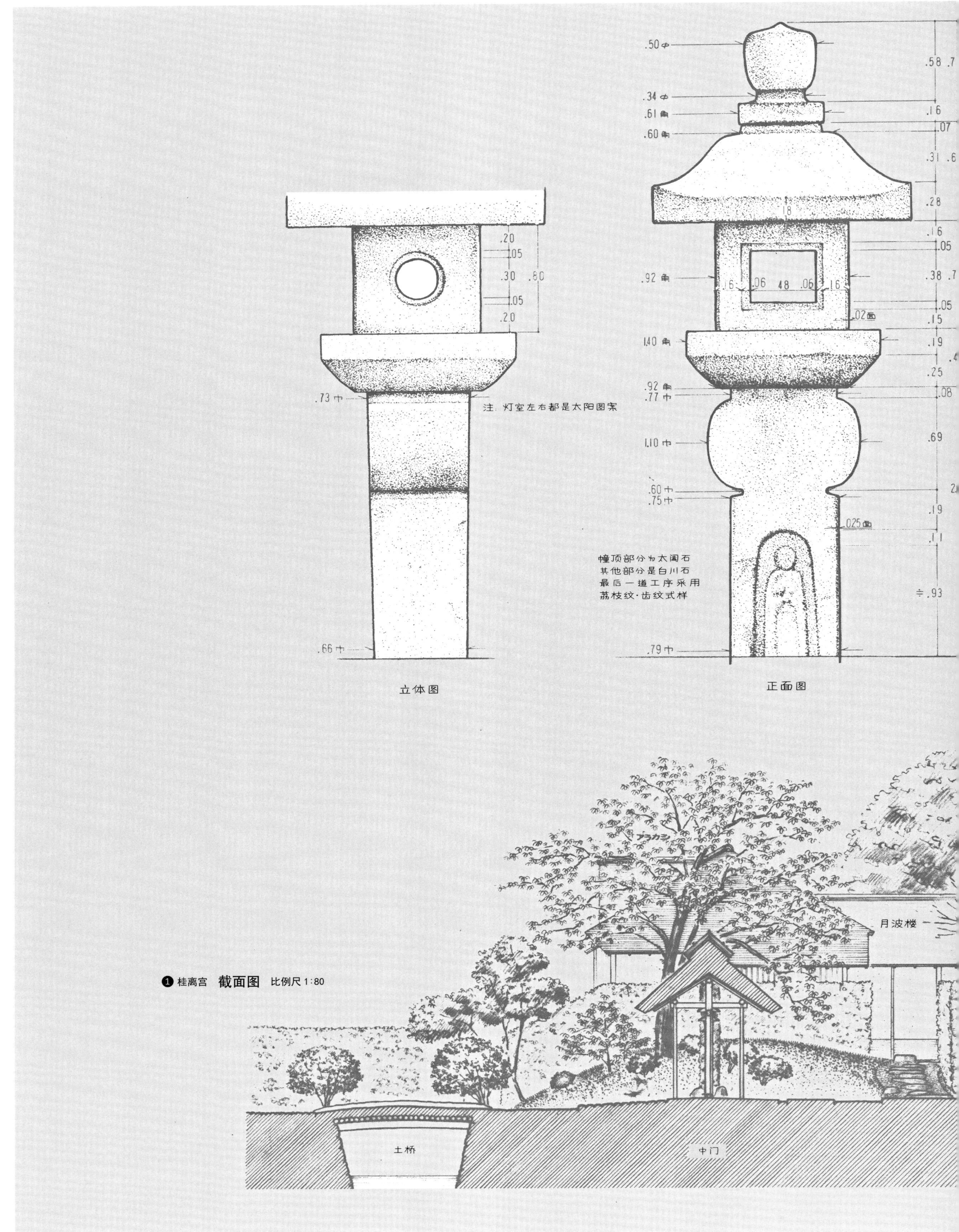

❶ 桂离宫 **截面图** 比例尺 1:80

玄关前的灯笼 实测图

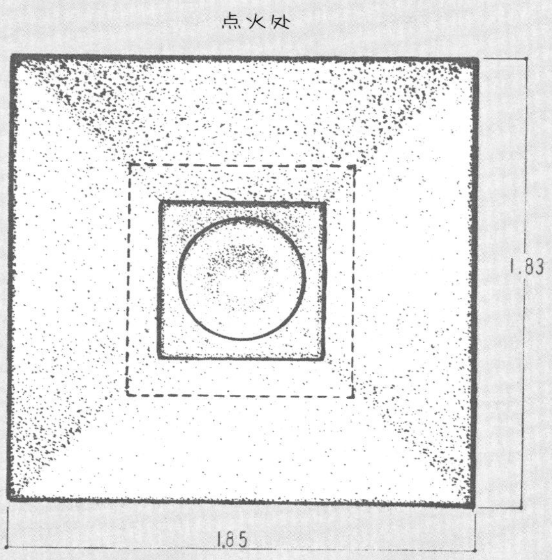

点火处

1.83

1.85

柱子平面图

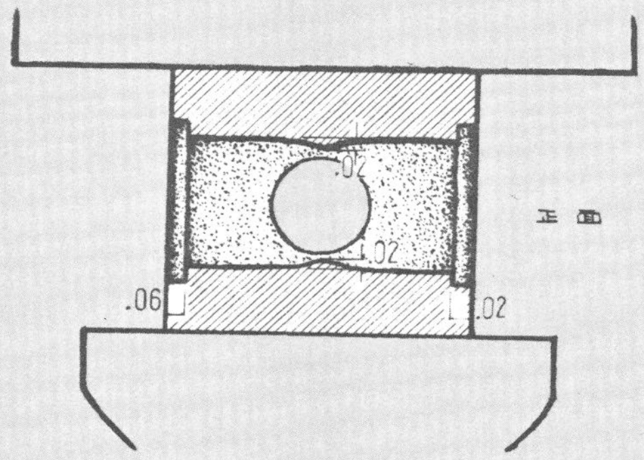

正面

.04

.02

.06

.02

灯室剖面图

.04

.01

.03

.01

佛雕 剖面图

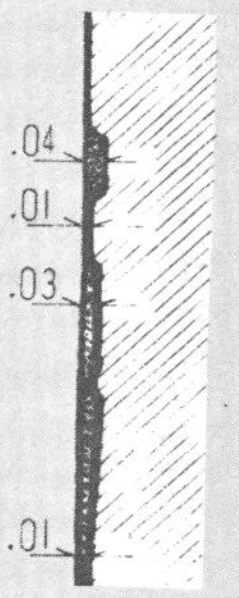

❶桂离宫 **织部灯笼细节图** 比例尺 1:8

古书院

カグラ

织部灯笼

仿真飞石

六沓脱石

御与寄

鑓间

0 2 4 6 8 10 12 14 16 m

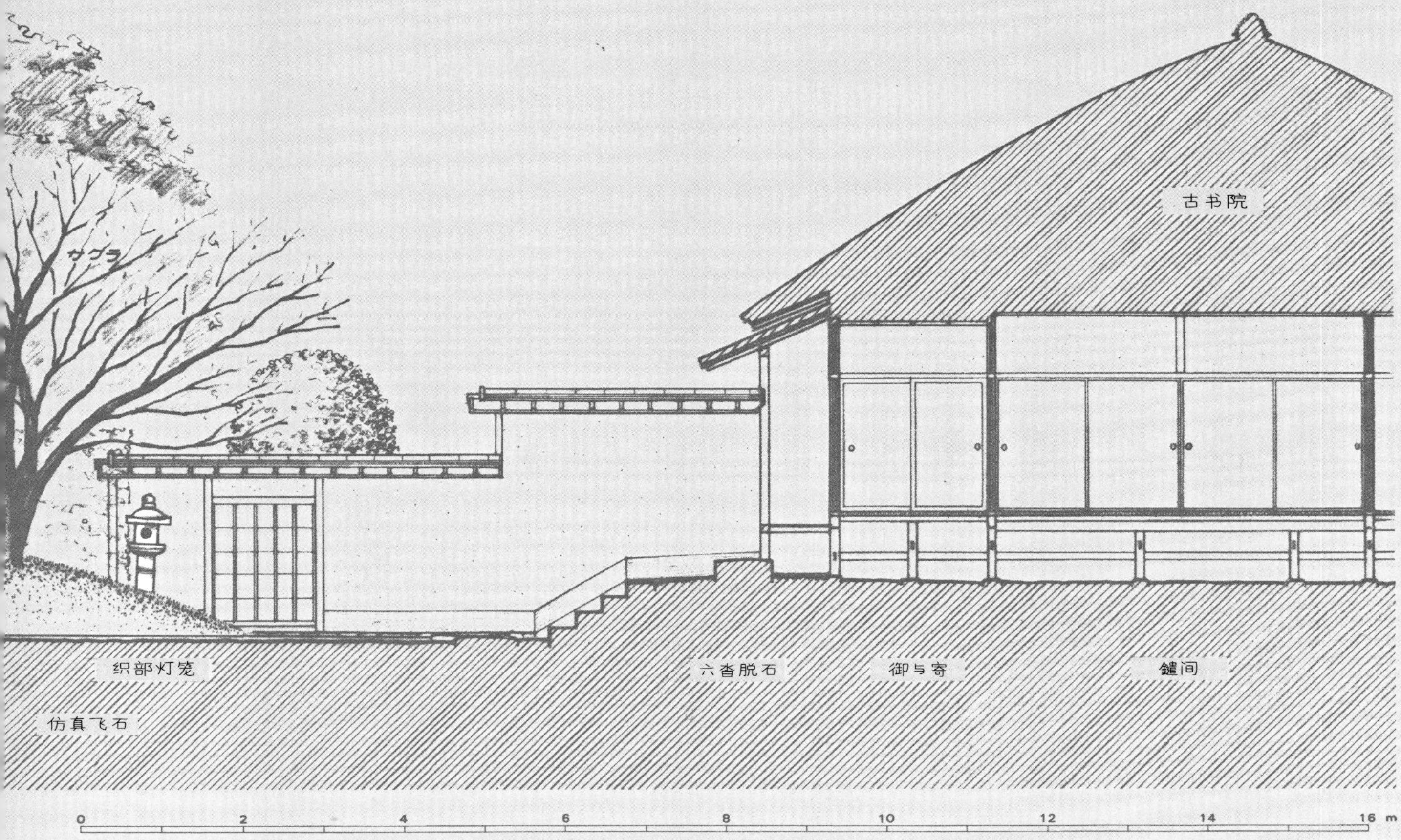

玄关前的灯笼 实测图

※1971年12月—1972年1月实测

吉田邸的六角灯笼

这是建筑家吉田五十八的家。这个六角灯笼既能从大门前通道上看到，也能从玄关向后回视时看到。灯笼摆放在玄关前的竹林里，由于本身就颇具特色，所以能够给人留下深刻的印象，给这片天然的竹林增添风雅的气息。将折断的树枝作为点缀，这虽是一种极常见的装饰手法，但是却表现出了具有吉田氏风格的风雅之气。

吉田氏虽然是和风建筑家，但是在游历欧洲期间深受早期文艺复兴作品的感动，所以他决定将日本特有传统建筑与西方建筑进行研究对比。他采用了许多大胆的设计，这些都体现在他的私宅及庭院建筑中。

何有庄的柚之木灯笼

何有庄的玄关前也摆放着灯笼。进入朝南的大门后向右拐，穿过石桥后，玄关位于正前方，右侧是龙吟庵茶庭的庭门（飞泉门）。

柚之木灯笼位于玄关和庭门之间，与位于桥右侧的雪见灯笼紧紧相挨，点缀着玄关前广阔的空间。柚之木灯笼尺寸较大，用紫薇花加以装饰，在玄关两旁营造出大气稳重的感觉。

在春日大社南侧新建的宫殿前有一柚子树，据说在这棵树下有来自平安时代的遗物，是藤原忠通在保延三年（1137年）时捐赠的物品，这里放置的柚之木灯笼，是设计简单的八角形，搭配日式雕刻，与春日大社重叠在一起，充满诗情画意。

虽然灯笼本身称不上是贵重物品，但却能很好地装饰玄关前的空间。

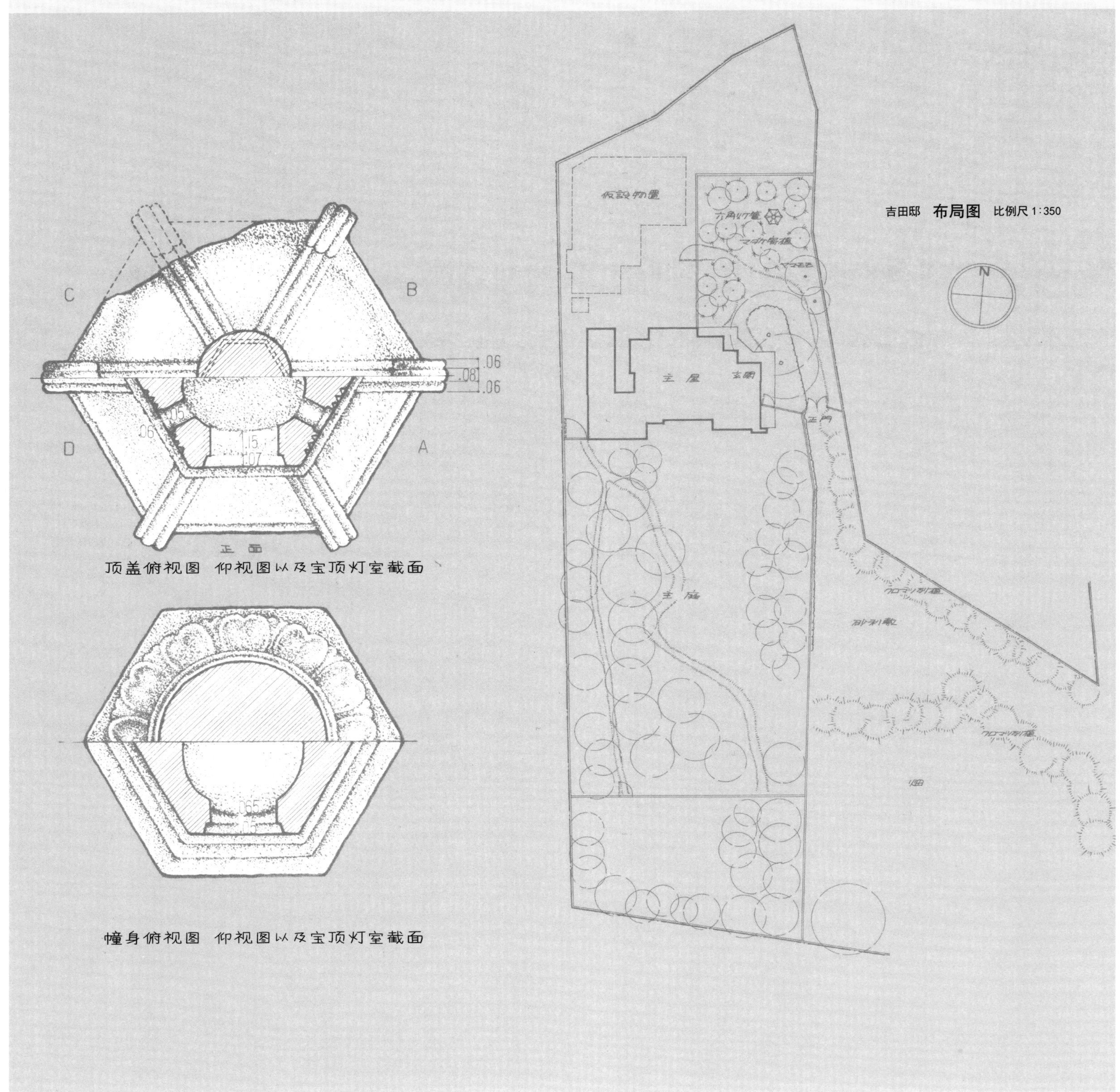

顶盖俯视图 仰视图以及宝顶灯室截面

幢身俯视图 仰视图以及宝顶灯室截面

玄关前的灯笼 实测图

吉田邸的六角灯笼 宝顶
（灯笼顶上的洋葱状物）

吉田邸的六角灯笼 幢顶

吉田邸玄关前的竹林

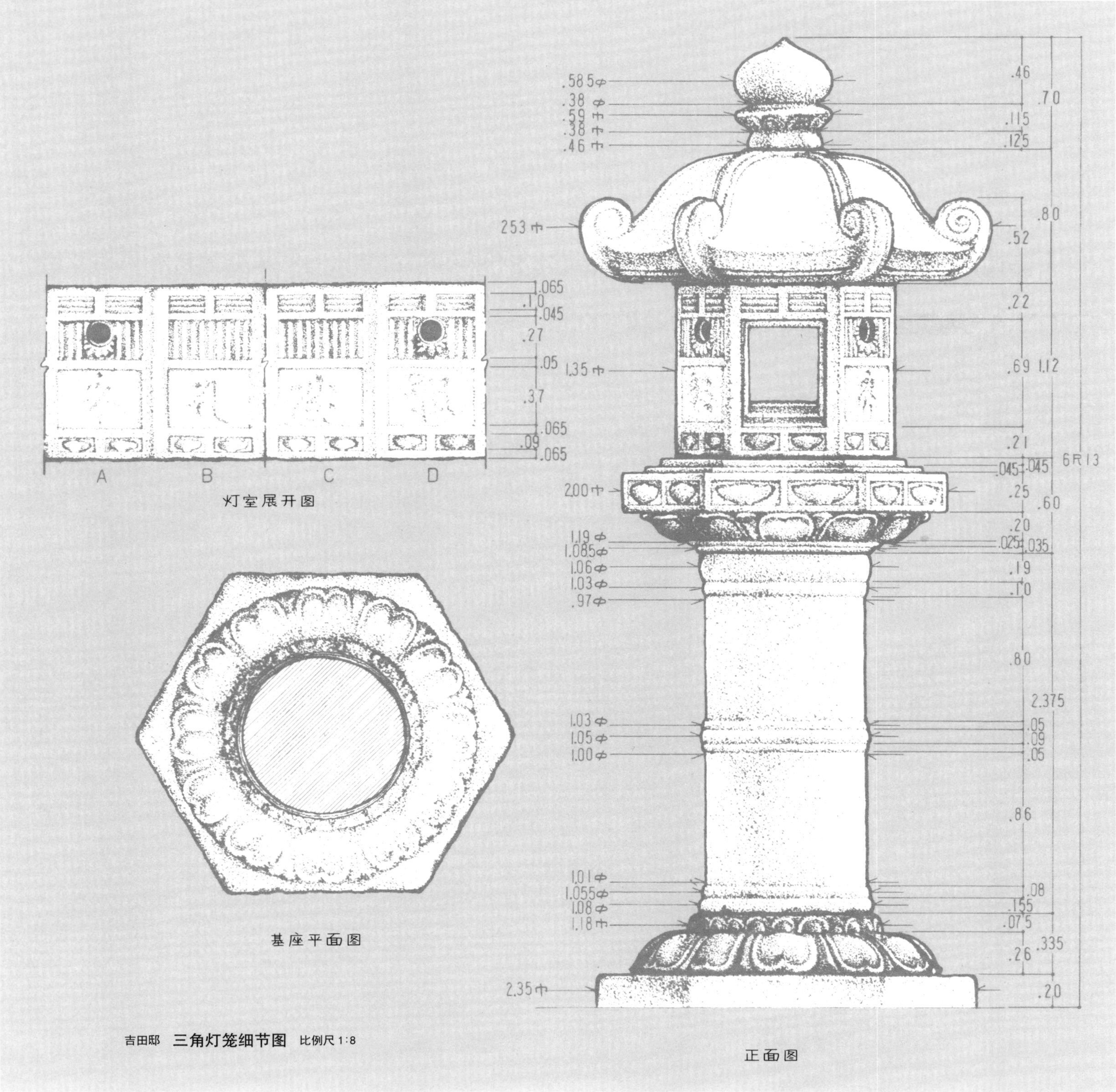

灯室展开图

基座平面图

正面图

吉田邸 **三角灯笼细节图** 比例尺 1:8

玄关前的灯笼 实测图

北村邸的朝鲜灯笼 幢顶（顶盖）

北村邸的朝鲜灯笼

在茶道家北村谨次郎的私宅玄关前摆放有吉田五十八设计的朝鲜灯笼。

朝鲜石灯笼一般多以六角形为主，十分秀丽。但是另一方面，也有像这样具有超强分量感的石灯笼，广受风雅人士的喜爱。在玄关前摆放这样的高级品，是向客人暗示屋内的茶道也同样高尚。

进入正门后，灯笼沿着左侧的竹篱笆摆放着，随意地出现在小矮竹和朱砂根之间，仿佛一堆堆小蘑菇，不仅起到点缀效果，同时感染着名人雅士的心。

除此之外，吉田五十八的现代风风雅屋的设计与朝鲜灯笼的绝妙搭配无疑也成为了十分受瞩目的焦点。

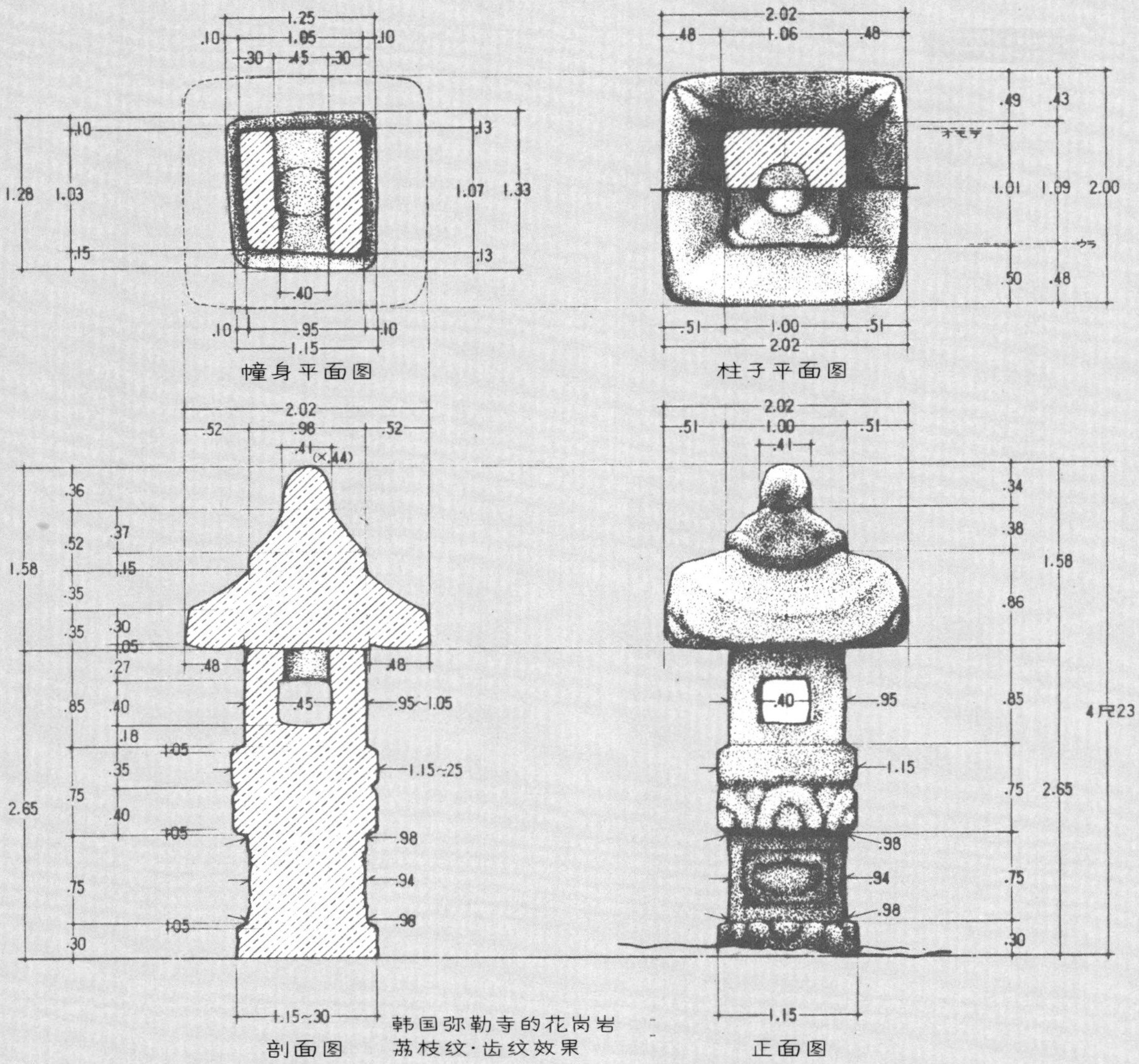

幢身平面图

柱子平面图

剖面图

韩国弥勒寺的花岗岩
荔枝纹·齿纹效果

正面图

北村邸 朝鲜灯笼细节图 比例尺 1:15

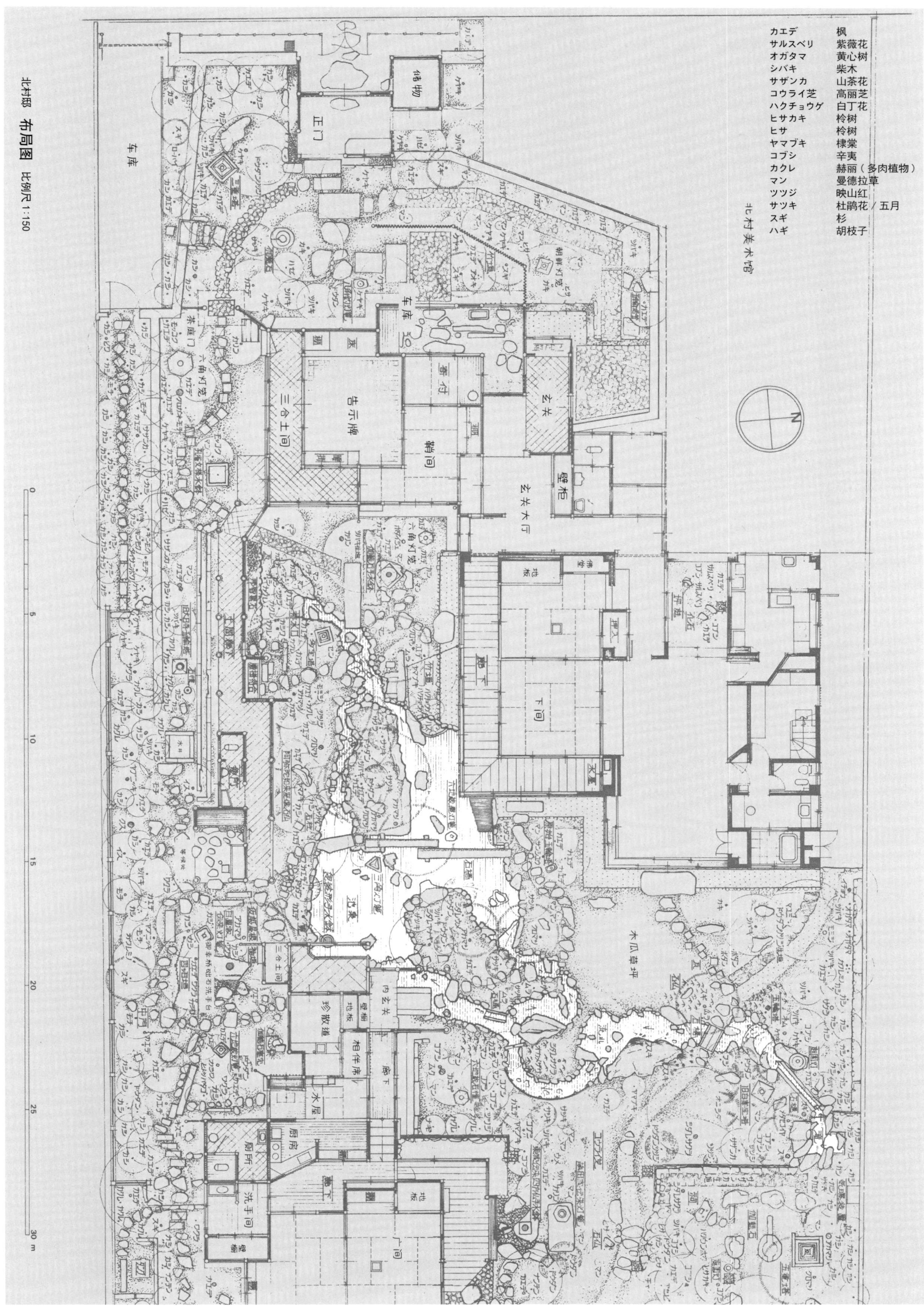
北村邸 布局图 比例尺1:150
北村美术馆
カエデ 枫
サルスベリ 紫薇花
オガタマ 黄心树
シバキ 柴木
サザンカ 山茶花
コウライ芝 高丽芝
ハクチョウゲ 白丁花
ヒサカキ 柃树
ヒサ 柃树
ヤマブキ 棣棠
コブシ 辛夷
カクレ 赫丽（多肉植物）
マン 曼德拉草
ツツジ 映山红
サツキ 杜鹃花／五月
スギ 杉
ハギ 胡枝子
0 5 10 15 20 25 30 m

玄关前的灯笼 实测图

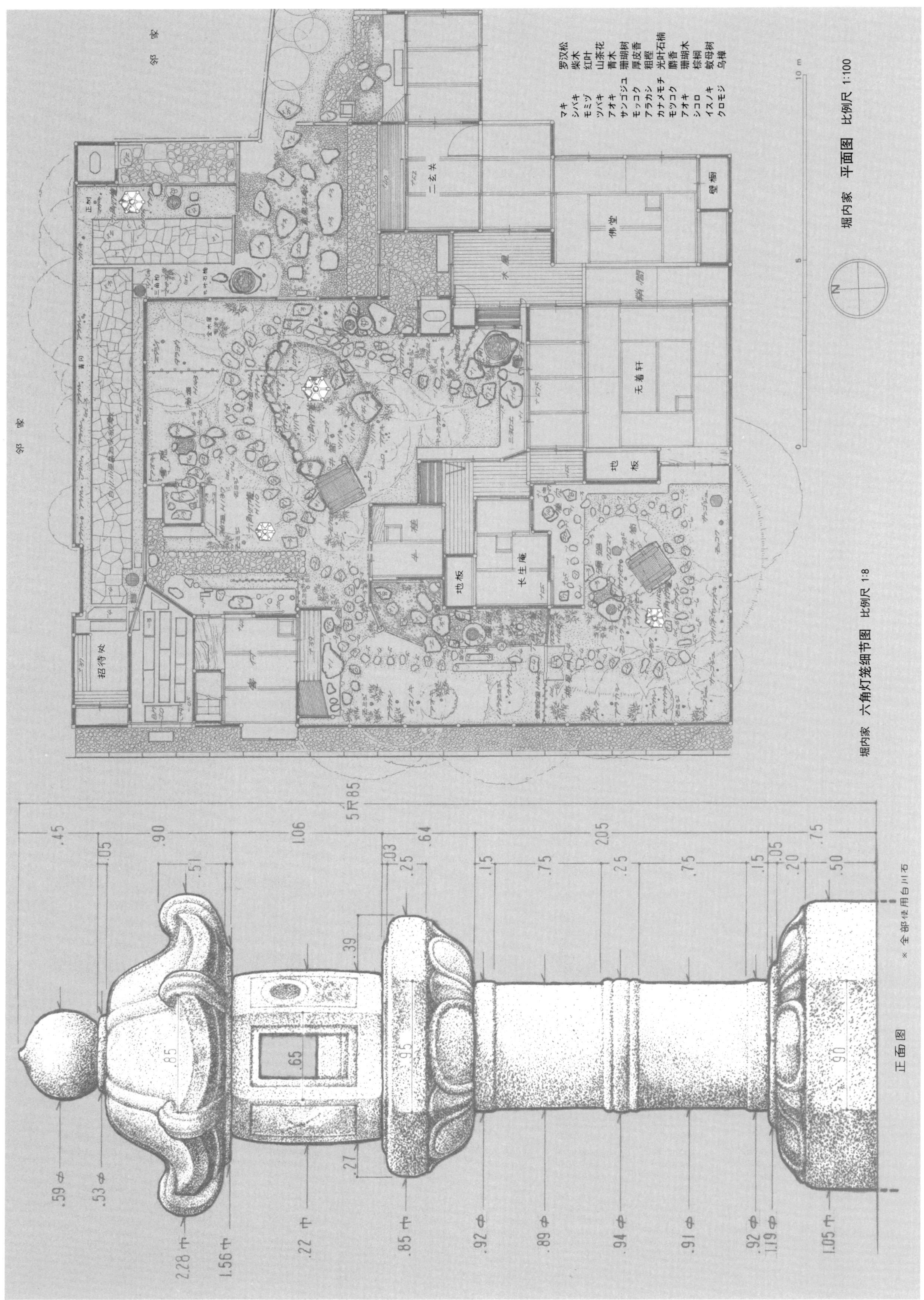

堀内家 平面图 比例尺 1:100
堀内家 六角灯笼细节图 比例尺 1:8
邻家
二玄关
佛堂
壁橱
无着轩
长生庵
地板
招待处
マキ 罗汉松
モミジ 红叶
ツバキ 山茶花
アオキ 青木
サンゴジュ 珊瑚树
モッコク 厚皮香
アラカシ 粗樫
カナメモチ 光叶石楠
シュロ 棕榈
イスノキ 蚊母树
クロモジ 乌樟
正面图
5尺85
※全部使用白川石

玄关前的灯笼 实测图

堀内家的六角灯笼

走进带有观赏窗或小格子窗的二层建筑物的长屋门，穿过左手边上的大门，右侧是一段细长的露天小道。水的纹路整齐地覆盖在白川砂上，正面靠右的地方摆放着六角灯笼。沿着灯笼向前走，在灯笼的尽头处向右拐，就来到了玄关。灯笼左侧倒塌的树木可用于遮挡洗手间，也是一种常用的点缀手法。

宗徧流茶道会馆的创作灯笼

沿着正门左侧的露天小道走，走到作为茶道道场的月心亭，在右侧有一扇茶庭门。穿过这扇茶庭门，就能看到右手方向的创作灯笼。这种设计不仅充分地呈现出铺路石和篱笆的厚度，并且通过摆放上灯笼来增加装饰效果，将茶庭门周边的景色凝聚在了一起。这种创作灯笼能够给人留下与众不同的印象，木框以茶庭灯为形状，让人感受到些许风雅情怀。

松之茶屋的宝箧印塔

在箱根汤本的松之茶屋的玄关的宝箧印塔，是由仰木鲁堂制作而成。摆放在玄关前起到装饰点缀效果的景物，除了灯笼还有其他的石器制品，此处就摆放了具有关东风格的宝箧印塔。在箱根的山上分布着许多供养塔，虽然顶盖上的角饰及塔身等地方具有明显刮痕，但是也称得上是当地一大特色了。

香川县厅的创作灯笼

昭和三十三年（1958年）建造的官署建筑物，是丹下健三的代表作之一，将日本传统建筑美学以混凝土的形式表现出来。大厅入口前的石桥边上摆放着庵治石，搭配具有现代风的创作灯笼，打造出别具一格的景象。

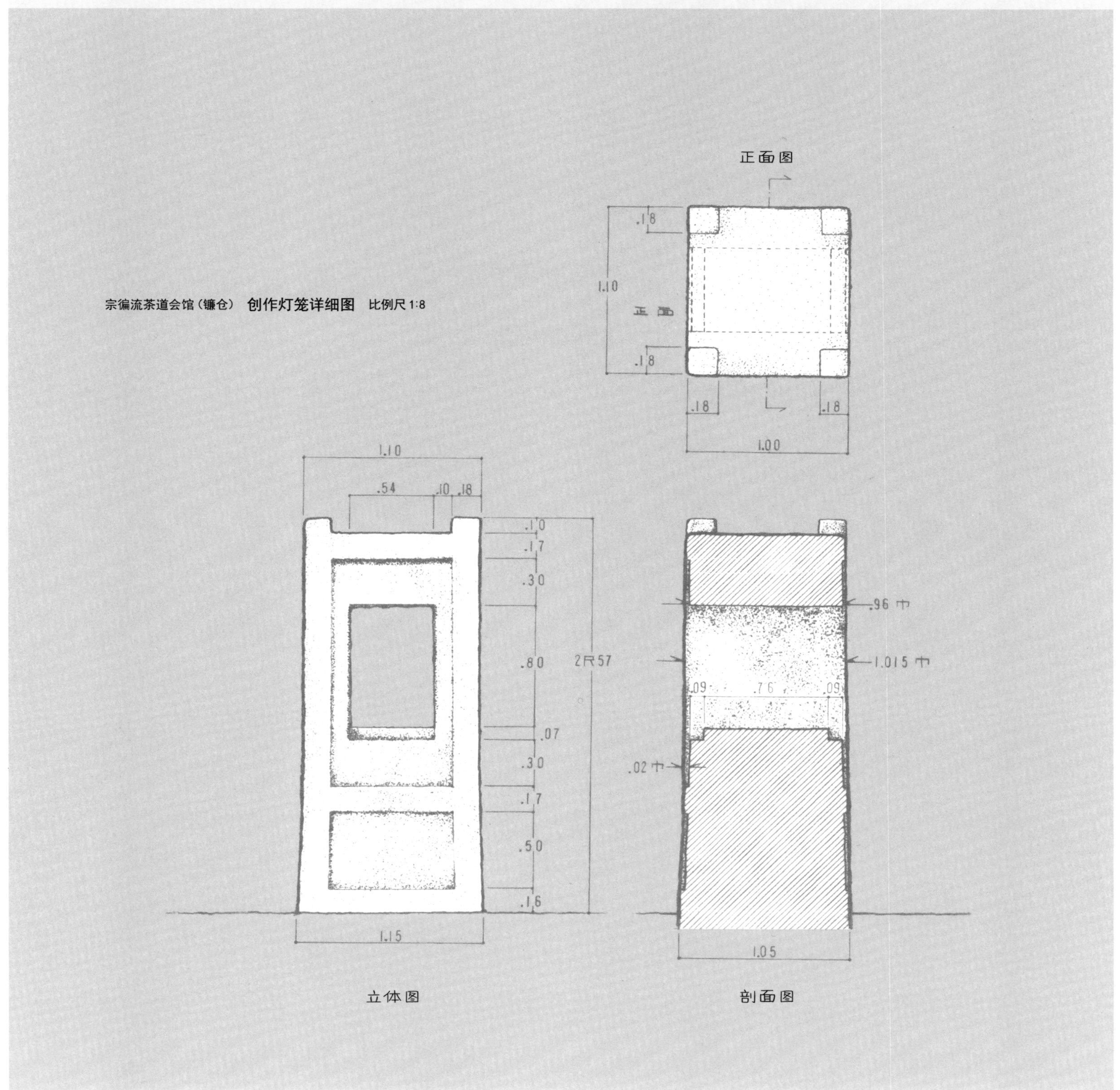

玄关前的灯笼 实测图

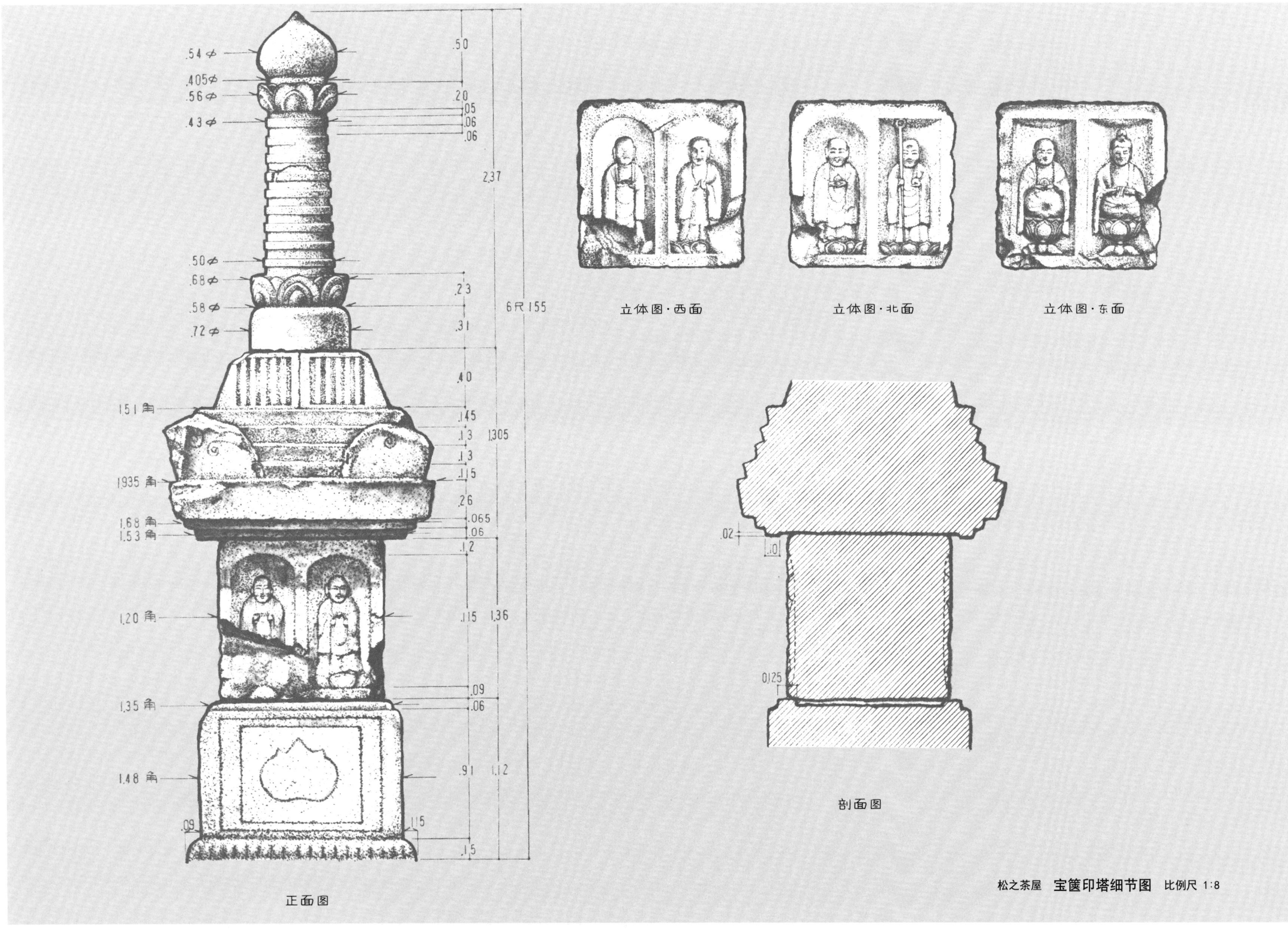

松之茶屋 宝箧印塔细节图 比例尺 1:8

玄关前的灯笼 实测图

苑路上的灯笼作为道路照明工具来使用，能够清楚地照亮脚下的路。即使在一片漆黑没有蜡烛的情况下，也能够安全地行走。但是，这样亮度的灯笼很难放满宽广的庭院。因此，通常将其摆放在较黑暗的地方、道路的拐角、桥头等重要场所。并且根据灯笼所摆放的场所的氛围，对灯笼的形状进行调整修改。灯笼作为附近民家、山上阁楼、宫殿的照明工具，以及用于点亮山间寺庙内的灯火，不仅照亮了夜景，在白天也是一道独特的风景，就像萤火虫发出的亮光一样，描绘出这个多彩世界的形状。桂离宫和修学院离宫等地方的创作灯笼就是以这种形式绽放着独特的魅力。

桂离宫笑意轩前的三角灯笼

雪见灯笼有多种变形，可变为斗幢顶、灯室、幢身，基座部分可设计成三角形，顶盖上无宝顶式样。从梅马场到笑意轩，向左拐后，可以看见隐藏在篱笆里面的灯笼。在以前，在摆放这种三角灯笼的地方设有冠木门风格的茶庭门，从古代图片可推测出灯笼作为门内侧的照明工具来使用。后人针对三角究竟有何寓意做了许多猜想，也许只是为了追求设计感。

桂离宫赏花亭东侧的水萤灯笼

圆形石柱深扎土中，圆形幢身盖于石柱上，四角形灯室以两个重叠在一起的三角形窗口为设计，灯笼放在严重风化了的四角形顶盖上。这处景观的设计来自“万点水萤秋草中”，在古书院赏月台上隔池远远眺望，灯光透过树荫映射在水面上。在大中岛的山顶附近，登上类似于山顶茶屋的赏花亭，在苑路旁放置较矮的灯笼。

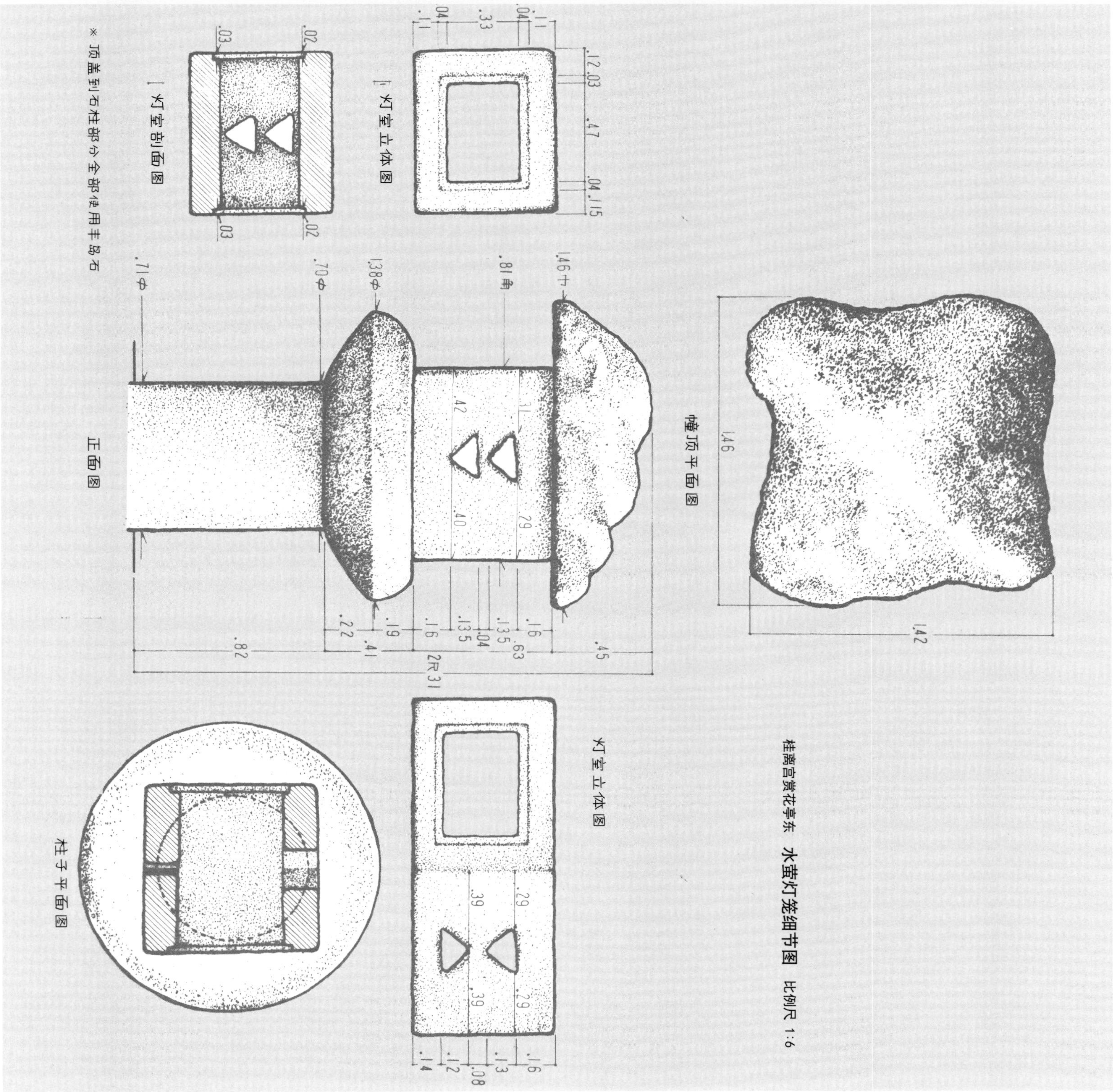

灯室剖面图　灯室立体图　幢顶平面图　正面图　柱子平面图　灯室立体图

※ 顶盖到石柱部分全部使用丰岛石

桂离宫赏花亭东 水萤灯笼细节图 比例尺 1:6

苑路上的灯笼 实测图

※1984年12月实测

桂离宫梅马场旁的雪见灯笼

穿过园林堂的土桥后向西，走到笑意轩对岸就来到了梅马场，灯笼就摆放在梅马场的左侧。这个地方什么也没有，可以眺望到四方非常好的景色。北侧是与广庭并排而列的书院群，东侧是由重叠在一起的土桥构筑而成的池泉，可以看到远处的松琴亭。这个地方周围的景色十分好，但是如果从其他地方眺望这儿则显得十分寂寥。在这个地方贴心地摆放上雪见灯笼，占据了十分大的一个空间，这是非常好的设计。雪见灯笼主要用作庭院内的景观观赏。桂离宫内的雪见灯笼的基座是四角形的，幢身、灯室、顶盖是六角形，灯室六面上有完全一样的四角形点火口。宝顶不能确定是否和原先的一样，但是现在的宝顶形状十分秀美。

桂离宫 等候处南侧的插入式寄灯笼 东面

桂离宫等候处南侧的插入式灯笼

从御幸道的中段开始到苑路，茶庭以松琴亭为中心，等候处前的延道向南延伸。向左拐到鼓之泷石桥为止是外茶庭，宽三尺，长约九尺，在南端摆放一座巨石（火扬石），内有寄灯笼。延道的北端有著名的双层方形洗手盆，正对着延道的直线上设有少许点火口。从点火口内透露出些许亮光，朝着对面左手方向前进，被点亮的巨石就像是一座灯笼。按照这样的情境将灯笼摆放在茶庭上，推动立体画面感的构成。

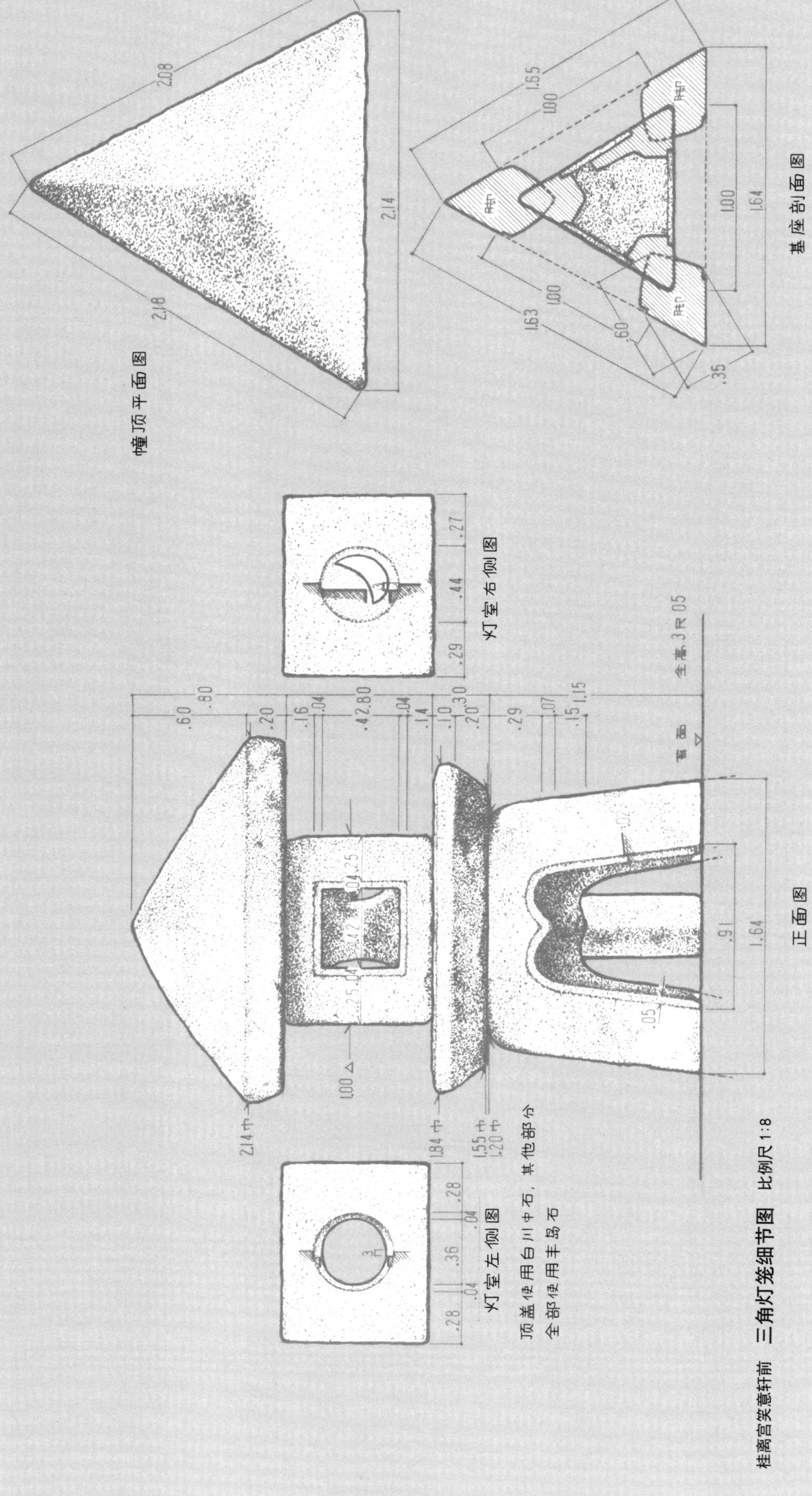

幢顶平面图

基座剖面图

灯室右侧图

正面图

灯室左侧图

顶盖使用白川中石，其他部分全部使用丰岛石

桂离宫笑意轩前 三角灯笼细节图 比例尺1:8

※1984年12月实测

桂离宫梅马场 **雪见灯笼细节图** 比例尺1:6

※幢身使用太阁石，其他全部使用白川石，
但是灯室部分，基座部分
做荔枝纹·齿纹效果处理

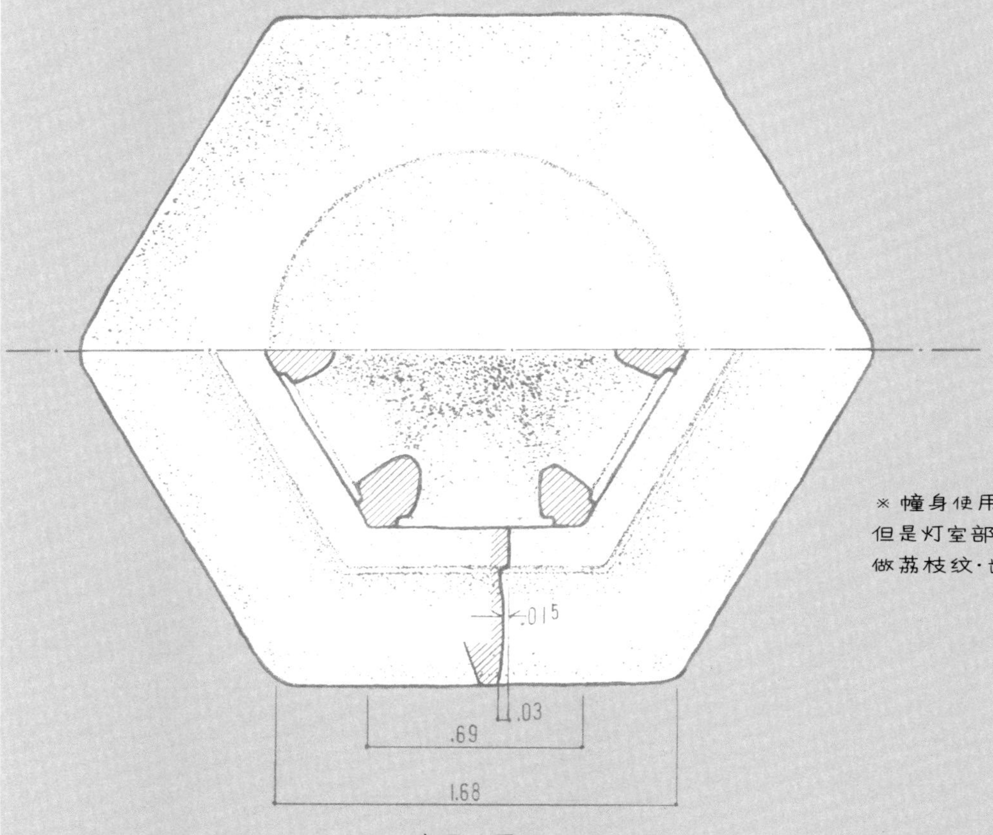

幢顶平面图

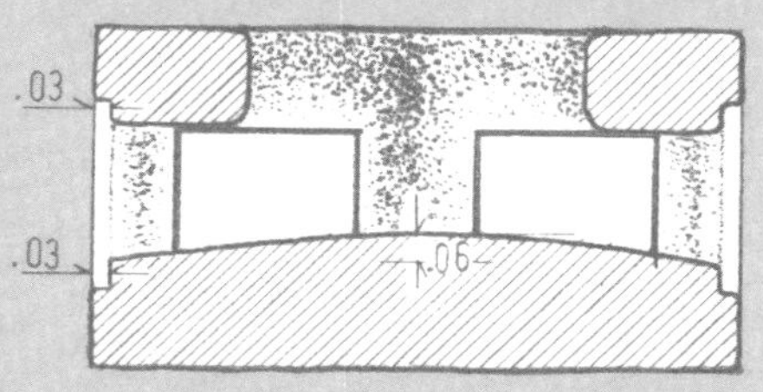

灯室剖面图

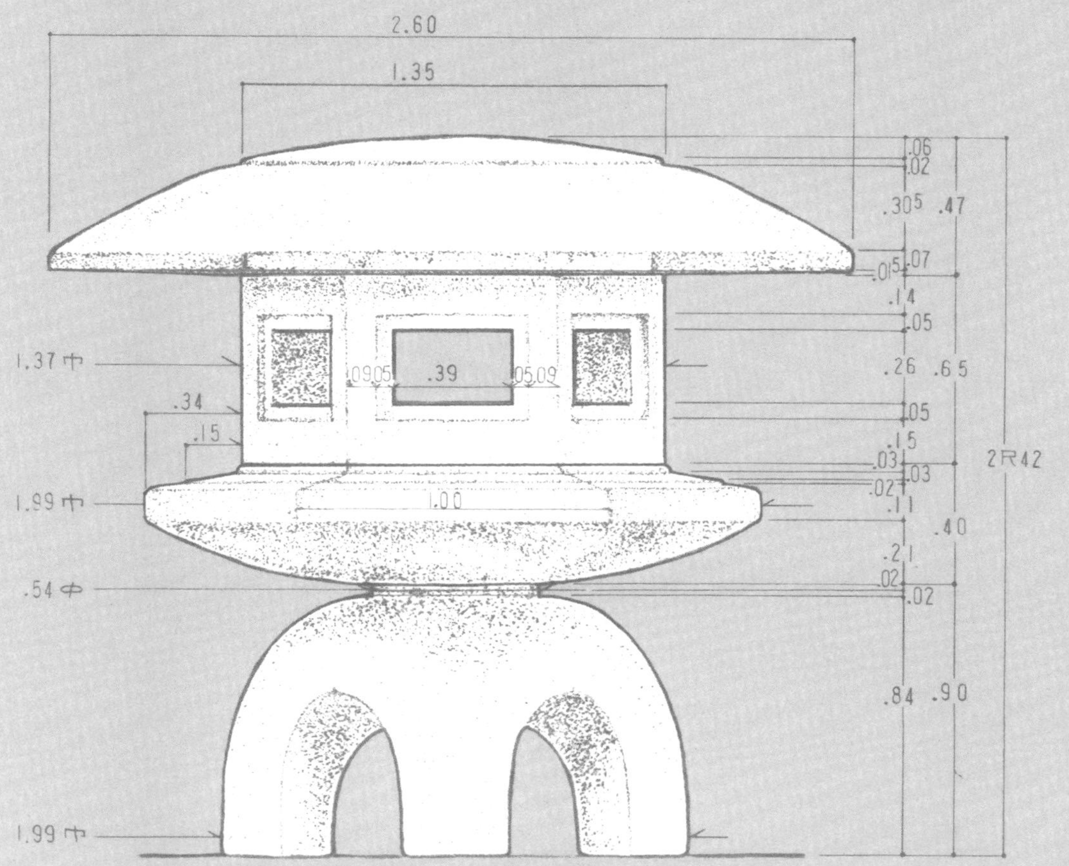

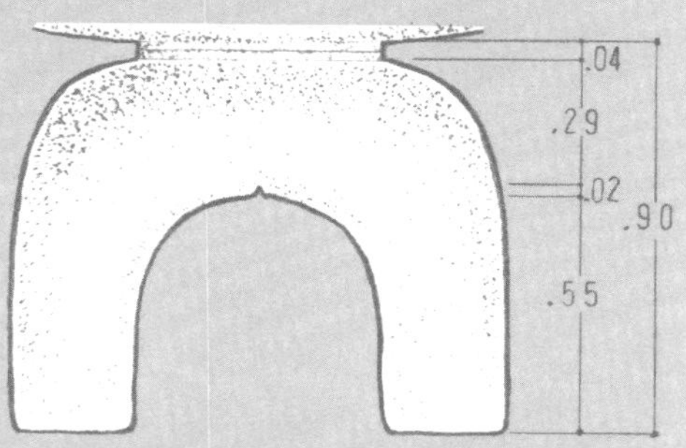

基座侧面图

正面图

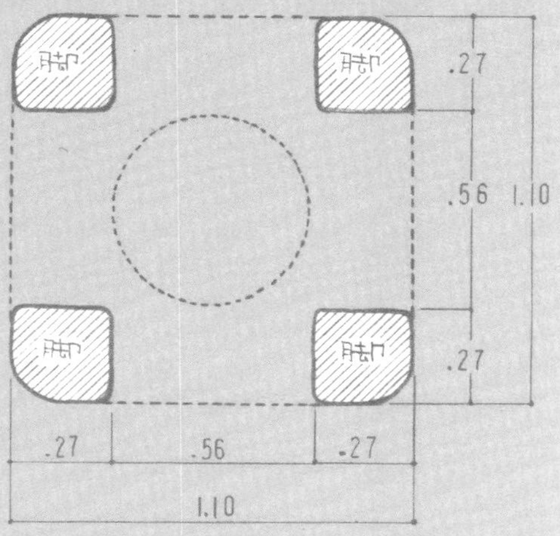

基座平面图

注，点线表示脚部分与幢身的连接部分

苑路上的灯笼 实测图

※1984年12月实测

桂离宫外南方 **插入式寄灯笼细节图** 比例尺 1:8

0 1 2 3 4 5 6 7 8 9 10 11 12 m

桂离宫外南方 **南北断面图** 比例尺 1:60

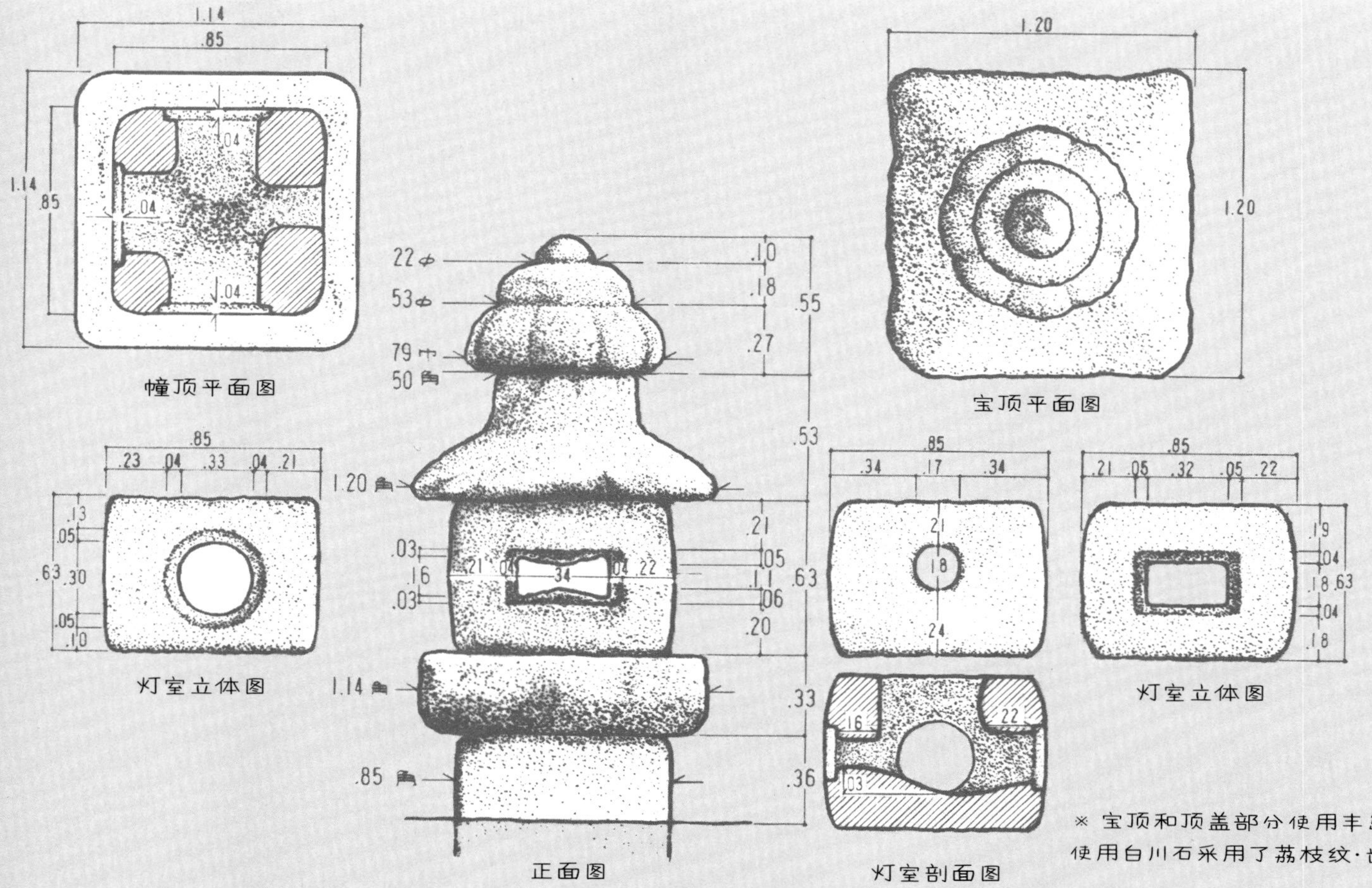

幢顶平面图

宝顶平面图

灯室立体图

正面图

灯室剖面图

灯室立体图

※ 宝顶和顶盖部分使用丰岛石，其他部分全部使用白川石采用了荔枝纹·齿纹处理效果。

插入式灯笼

苑路上的灯笼 实测图

※1984年12月实测

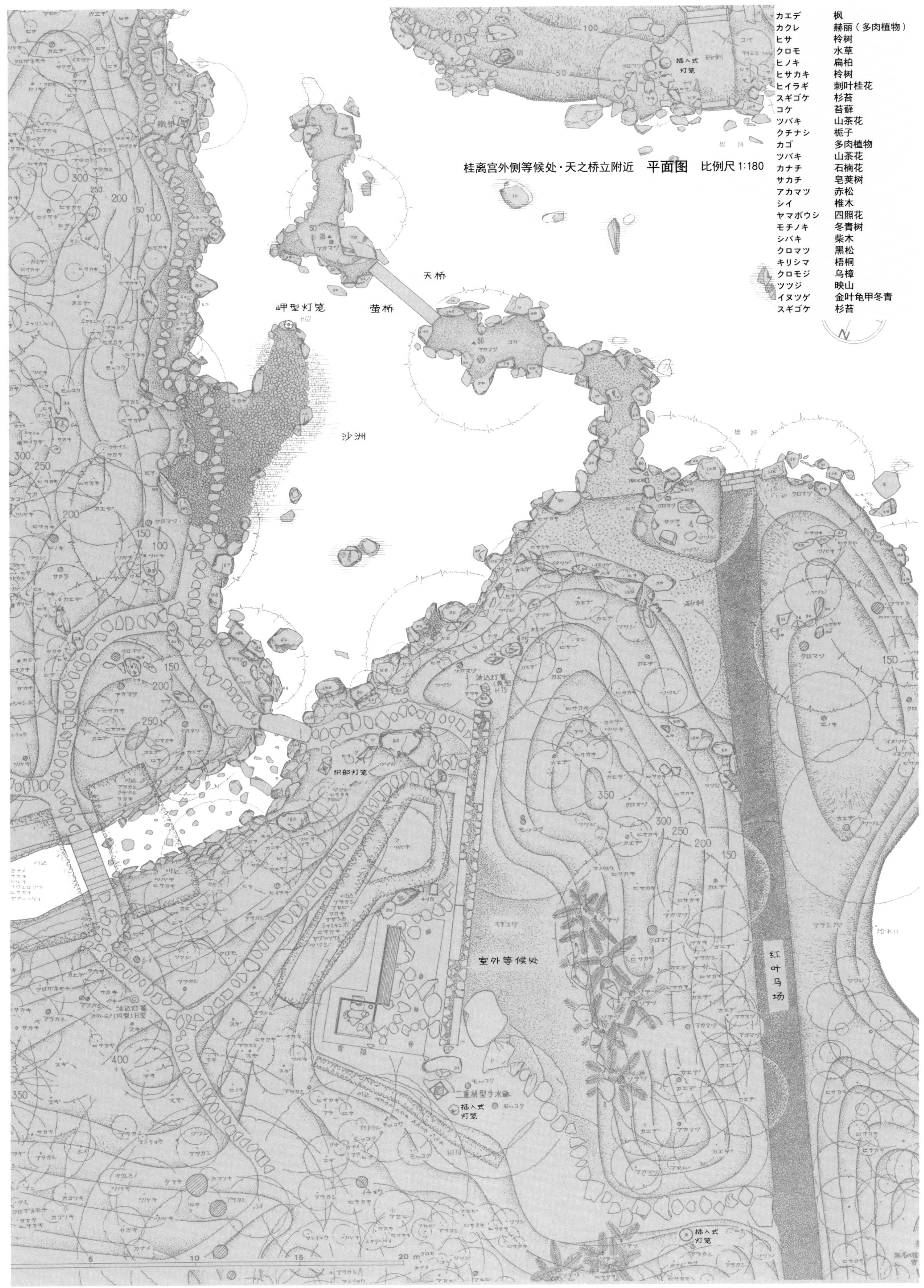

苑路上的灯笼 实测图

※1971年10月—1972年1月实测

修学院离宫下茶屋 东西截面图 比例尺 1:100

桂离宫 **布局图** 比例尺 1:750

0 10 20 30 40 50 60 70 80 90 100 m

※图中的编号请参照本文《灯笼的技法》桂离宫的石灯笼此项

水田
三角灯笼
弓场
梅马场
笑意轩
舟着
三光灯笼
雪见灯笼
御殿
园林堂
赏花亭
织部灯笼
月波楼
旧丹波街道
南外山
水蛍灯篭
杉山
舟着
神仙島
竹薮
松琴亭
天之桥立
山甲灯笼
插入
樵山
洲浜
女松山
東外山
卍亭
竹薮
桂大橋
桂川河床

苑路上的灯笼 实测图

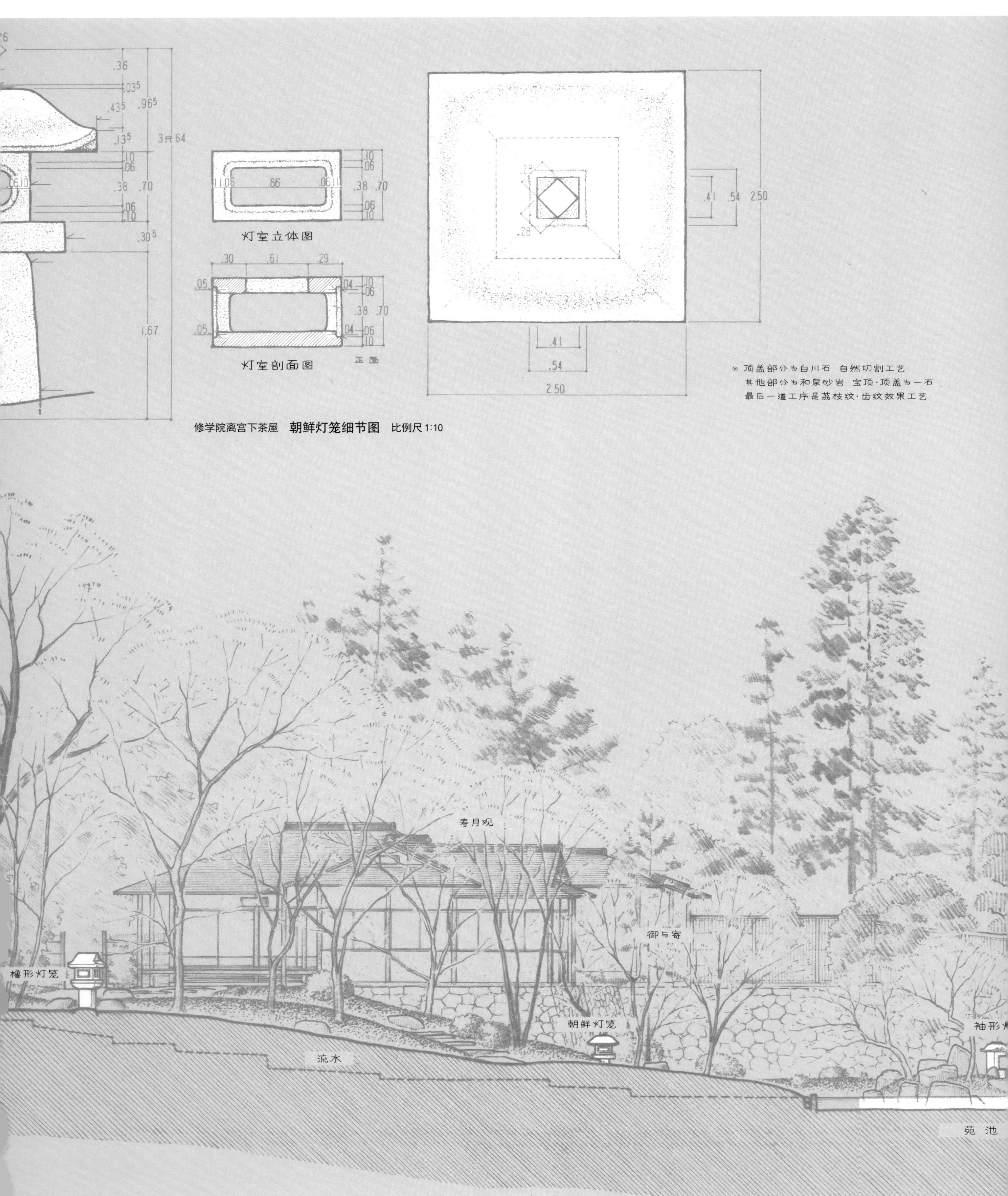

修学院离宫下茶屋 **朝鲜灯笼细节图** 比例尺 1:10

※1984年12月实测

中门

修学院离宫下茶屋的袖形石灯笼

作为后水尾天皇理想中的山水风景胜地建造而成的修学院，是融合了自然景致设计理念的庭院。水池的中央有堤坝一般延展而成的池中岛，把水池一分为二，并通向寿月观前庭的庭院道路。池中岛上的袖形石灯笼，又被称为鳄口石灯笼，灯顶石的一部分被切掉了，切口的上方嵌有蚂蟥钉，可以悬挂纸灯笼，用来照亮脚下。

修学院离宫下茶屋朝鲜石灯笼的宝顶

修学院离宫下茶屋的朝鲜石灯笼

修学院离宫的石灯笼，除了上茶屋的山寺形石灯笼，其他的看上去有全部被进行统一了的感觉，大概这是后水尾天皇所偏爱的缘故吧！石灯笼的灯顶形状及灯柱曲线等，感觉同寿月观和上茶屋的邻云亭等处屋檐的曲线一样。此外，这个朝鲜石灯笼切割形的宝顶与上茶屋穹邃亭屋檐上宝顶头的形状相同。沿着池中岛横截的庭院道路前行，左侧有朝鲜石灯笼，登上一缓坡后，就来到了寿月观的前面。

修学院离宫下茶屋的橹形灯笼

在寿月观前庭流水道的对面，站在脚踏石上，所看到的庭院景观中就有橹形灯笼。在下茶屋的东南角附近，有一处叫作弯曲阁的建筑，这个石灯笼大概是照亮前往弯曲阁的道路吧。

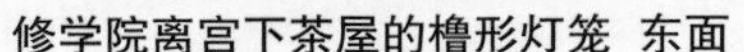

修学院离宫下茶屋的橹形灯笼 东面

修学院离宫下茶屋的橹形灯笼 顶盖

修学院离宫下茶屋的橹形灯笼 西面

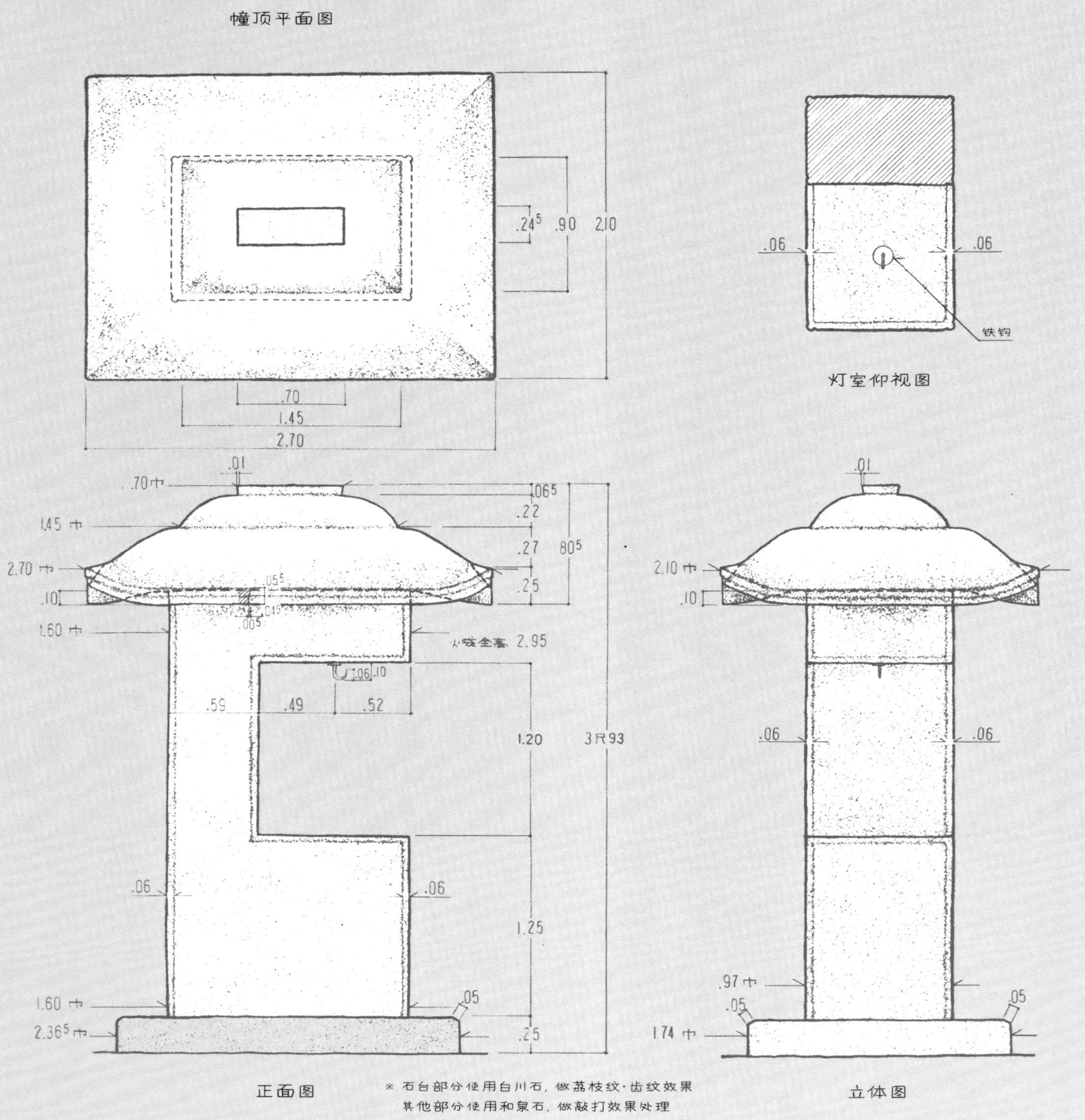

幢顶平面图

.24⁵ .90 2.10
.70
1.45
2.70

灯室仰视图

.06 .06
铁钩

.01
.70巾
1.45巾
2.70巾
.10
1.60巾
.06⁵ .22 .27 .25 80⁵
.05⁵ .04⁵ .00⁵
灯笼全高 2.95
.06 .10
.59 .49 .52
1.20 3尺93
.06 .06
1.25
1.60巾
2.36⁵巾
.05
.25

正面图

※ 石台部分使用白川石，做荔枝纹·齿纹效果
其他部分使用和泉石，做敲打效果处理

.01
2.10巾
.10
.06 .06
.97巾
.05 .05
1.74巾

立体图

修学院离宫下茶屋 **袖形灯笼细节图** 比例尺1:10

※1984年12月实测

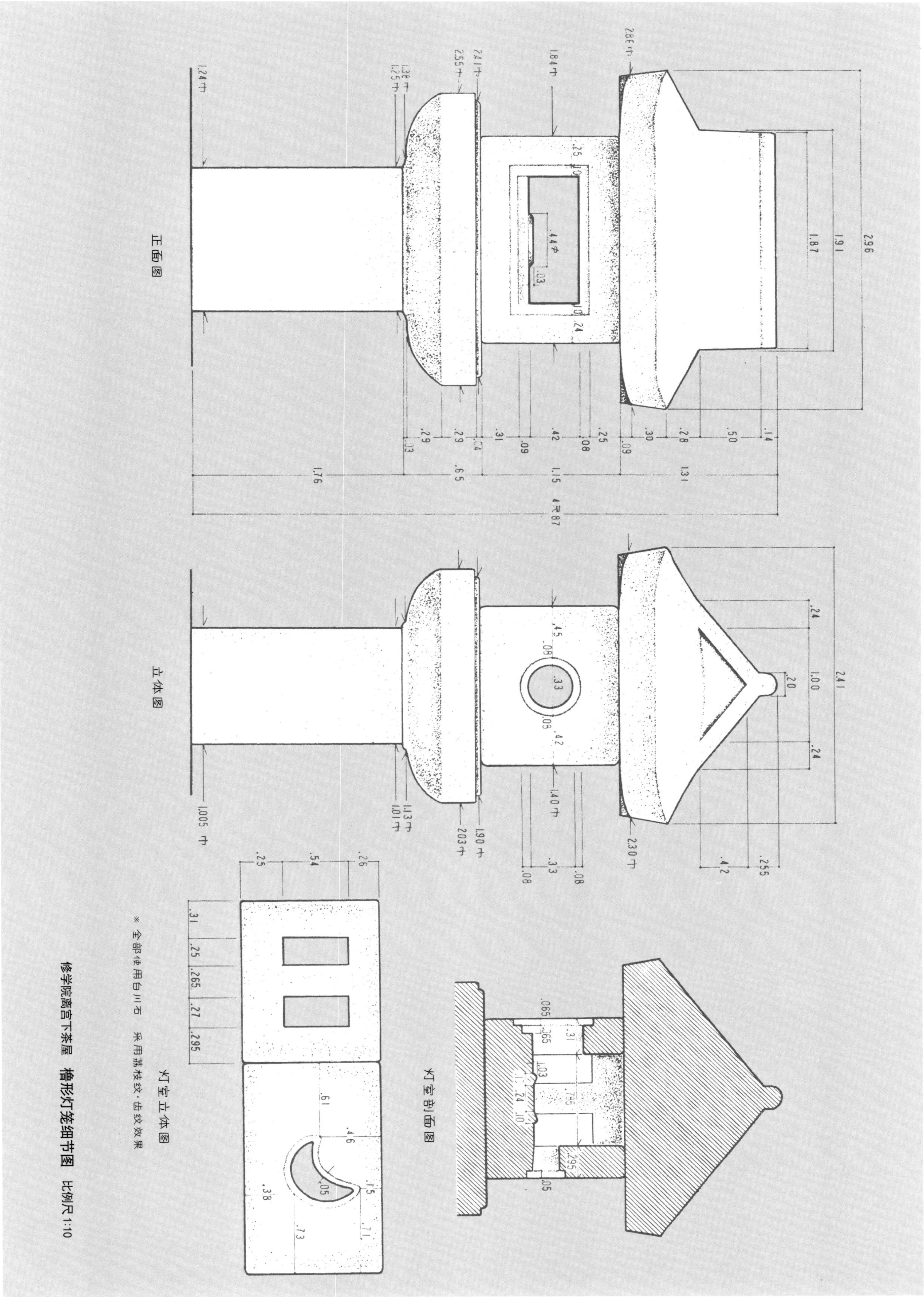

正面图

立体图

灯室剖面图

灯室立体图

※全部使用白川石　采用荔枝纹·齿纹效果

修学院离宫下茶屋　**橹形灯笼细节图**　比例尺1:10

苑路上的灯笼 实测图

※1984年12月实测

苑路上的灯笼 实测图

※1972年1月—4月实测

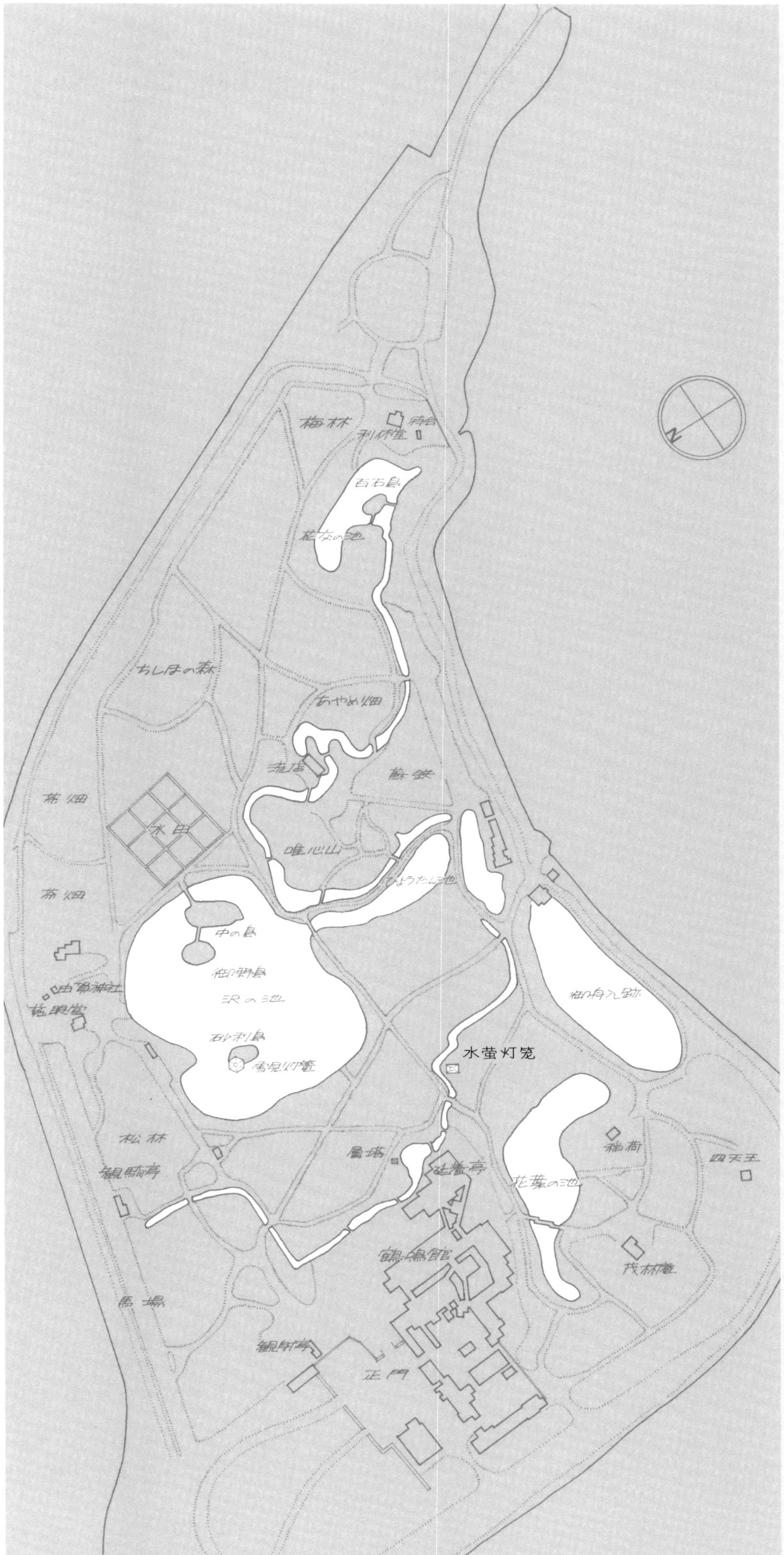

水萤灯笼

冈山后乐园 **布置图** 比例尺1:2000

冈山后乐园曲水旁的水萤灯笼 从北侧方向看

冈山后乐园曲水旁的水萤灯笼

冈山后乐园是日本三大公园之一，在江户时代是作为藩主池田纲政的别墅修建而成的。以泽池为中心的池泉回游式庭院，营造出温暖而又亮丽的意境，在草坪和苑路广阔明了的布局中能够感受到设计师的匠心。曲水穿过延养亭前，缓慢地流入池内，灯笼就摆放在这各芝生中。

平太鼓形灯室内有圆形点火口，顶盖上有钉子，与修学院的袖形灯笼一样用来悬挂纸灯笼。

距这个灯笼有一段距离的地方摆放着六块巨大的平石，灯笼有可能作为夜晚活动场所的照明工具来使用。

冈山后乐园曲水旁的水萤灯笼 从东北方向看

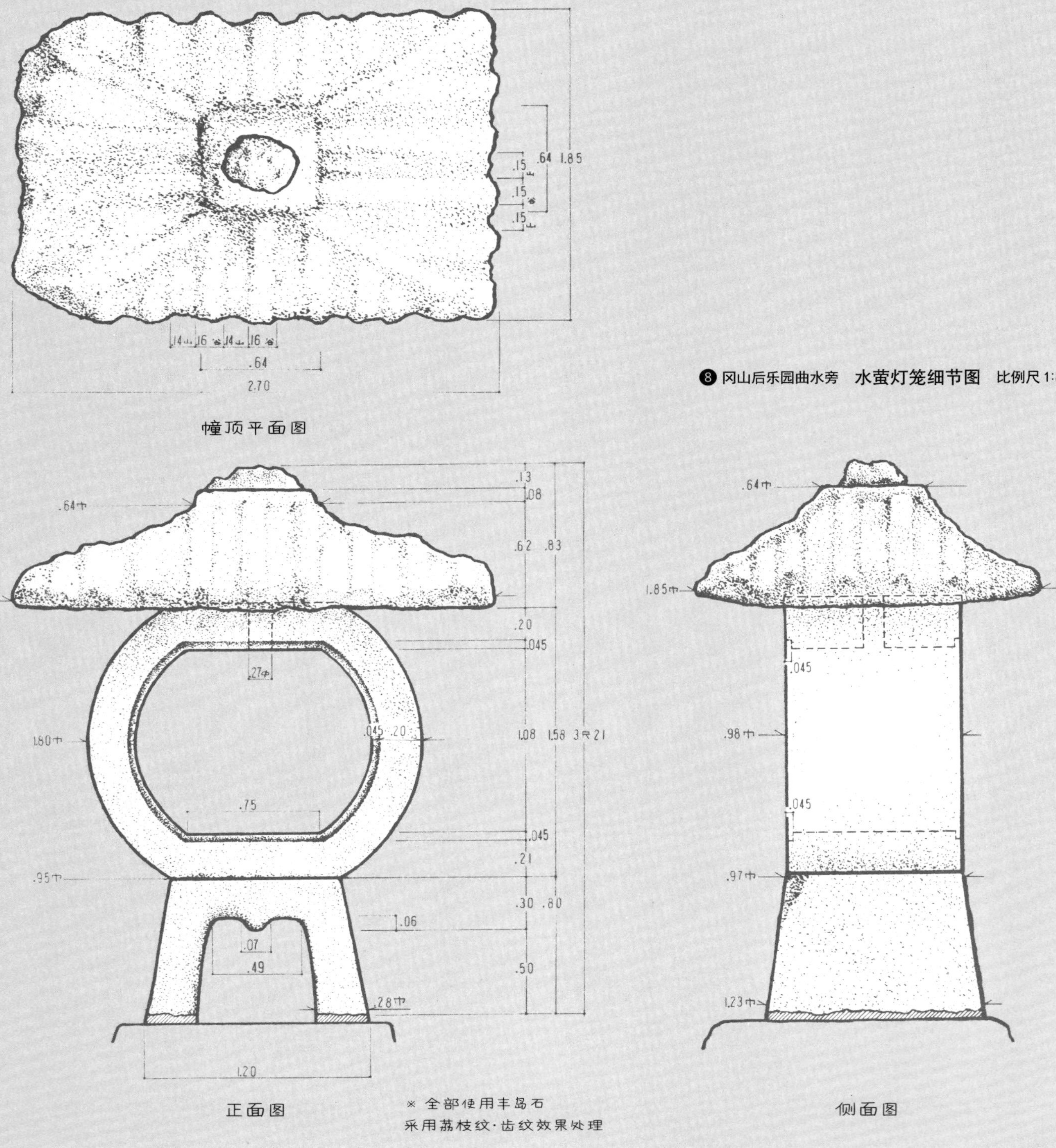

❽ 冈山后乐园曲水旁 **水萤灯笼细节图** 比例尺 1:8

幢顶平面图

正面图

侧面图

※ 全部使用丰岛石

采用荔枝纹·齿纹效果处理

劝修寺的劝修寺灯笼 正面

劝修寺的劝修寺灯笼

脍炙人口的劝修寺灯笼是劝修寺的代表，被据说有750年树龄的铺地柏包围着，摆放于书院前的庭院内。较薄的顶盖设计和向下垂伸的房檐，能够让人感受到雅致。这个灯笼的设计独具匠心，长方形台面上有长方形柱子，柱子中央有一个长方形的孔，在这上面又有长方形的灯室，设有长方形点火口。这个庭院最初是设计成多岛屿形池泉的形式，据说是贵族宫道弥益的府邸内的庭院，真观年中（859—877年）时建成，延喜五年（905年）时成为朝廷的官寺。曾经被称为“冰室之池”的池塘北侧有一个寝殿，现在的书院就建在这个地方。书院是江户初期时建造的，灯笼是那之后作为前庭的装饰物而被摆放在此处。

千秋阁的置灯笼

千秋阁由部分筑山水景和池泉这两部分构成，二者浑然天成，宛如桃山初期的巨作。这座有灯笼的筑山水庭院内有巨大的青石桥，在其他庭院内看不到此景。以德岛为中心，可以看到周围摆放着许多宝塔形灯笼，这个摆放在千秋阁里的灯笼是大概就是传统的石灯笼。这个灯笼是桥上的灯光来源，同时也照亮远处的瀑布和蓬莱仙岛。

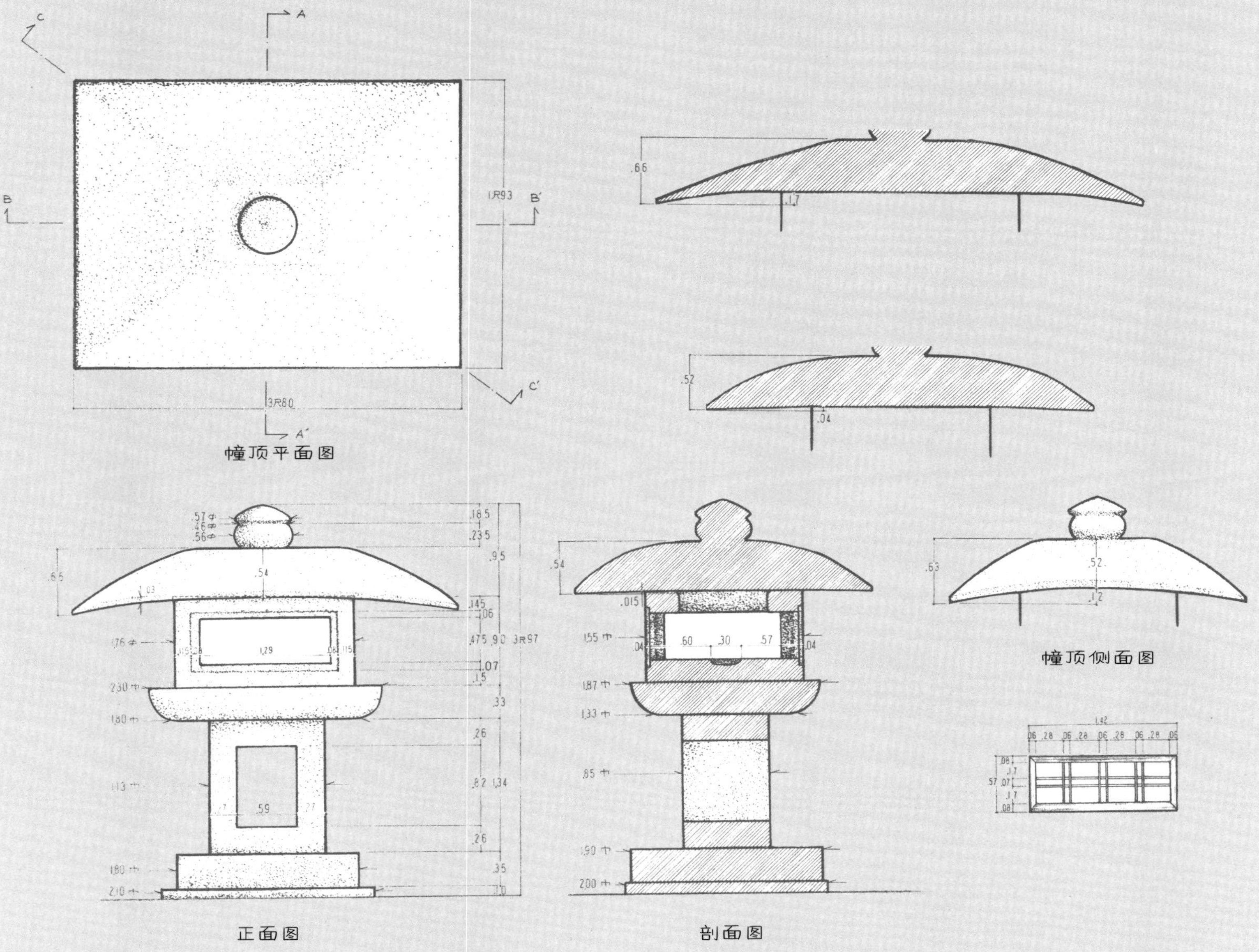

幢顶平面图

幢顶侧面图

正面图

剖面图

劝修寺 劝修寺灯笼细节图 比例尺1:15

苑路上的灯笼 实测图

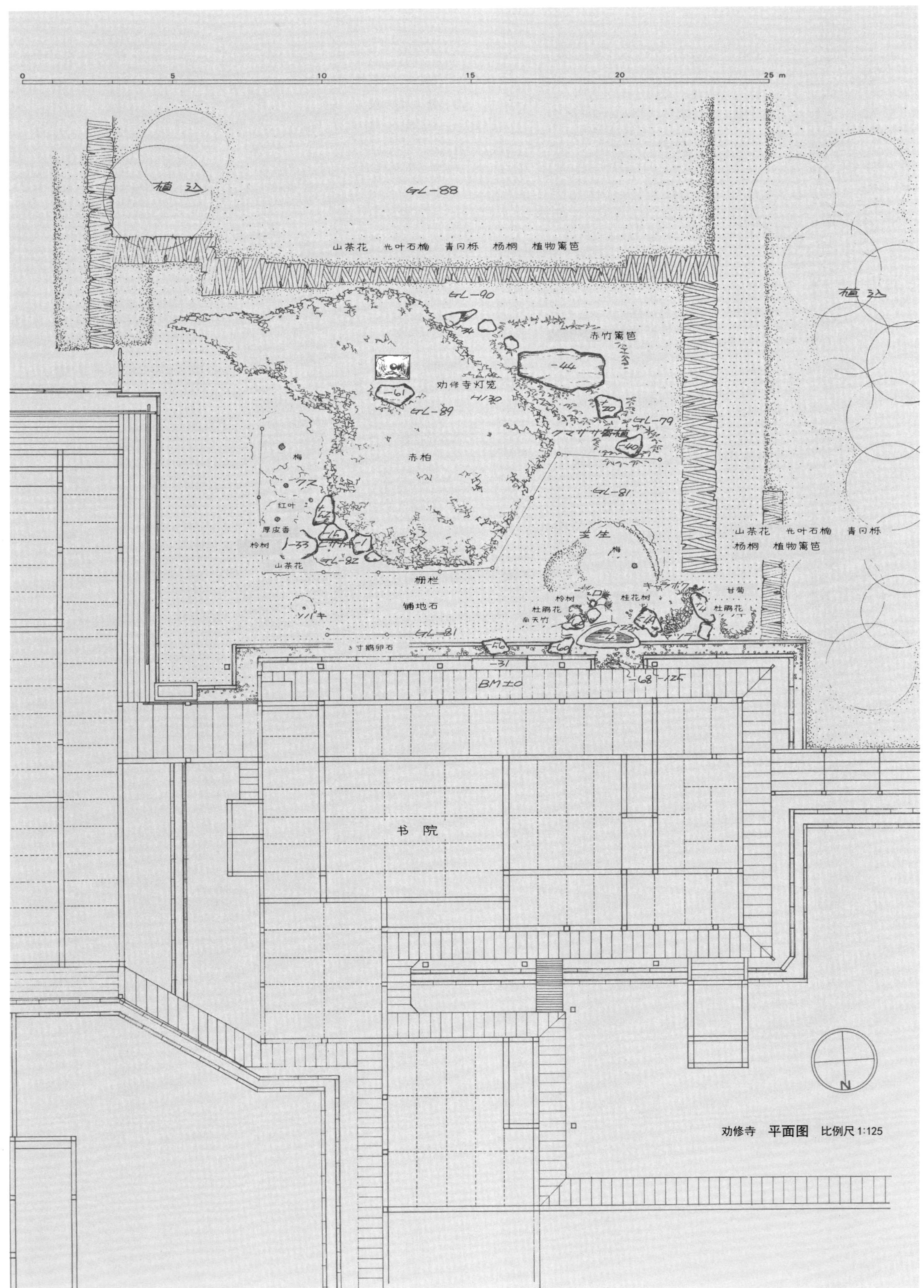

劝修寺　**平面图**　比例尺 1:125

苑路上的灯笼　实测图

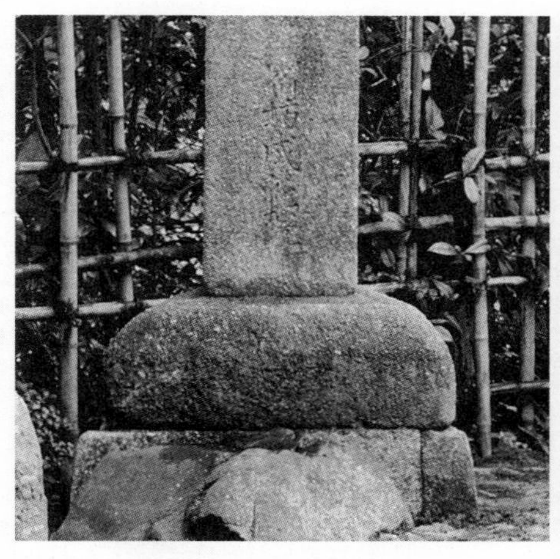

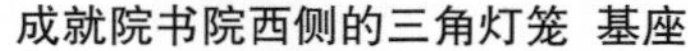

成就院书院西侧的三角灯笼 基座

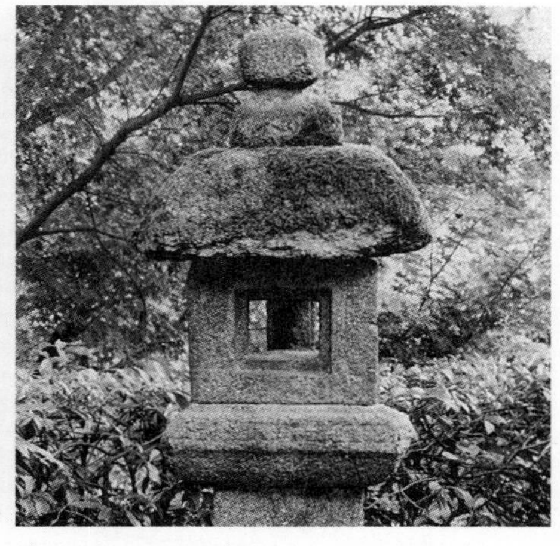

成就院书院西侧的三角灯笼 上部

成就院书院西侧的三角灯笼

基座、柱子、幢身、灯室、顶盖、宝顶全部都是三角形，此灯笼被当作三角灯笼的鼻祖。此灯笼由白川石制作而成，上面刻着“永代常夜灯，宿坊成就院”这一行文字。在廊下可以看到这个灯笼，高超过6尺，放置于大树下，营造出沉稳大气的感觉。

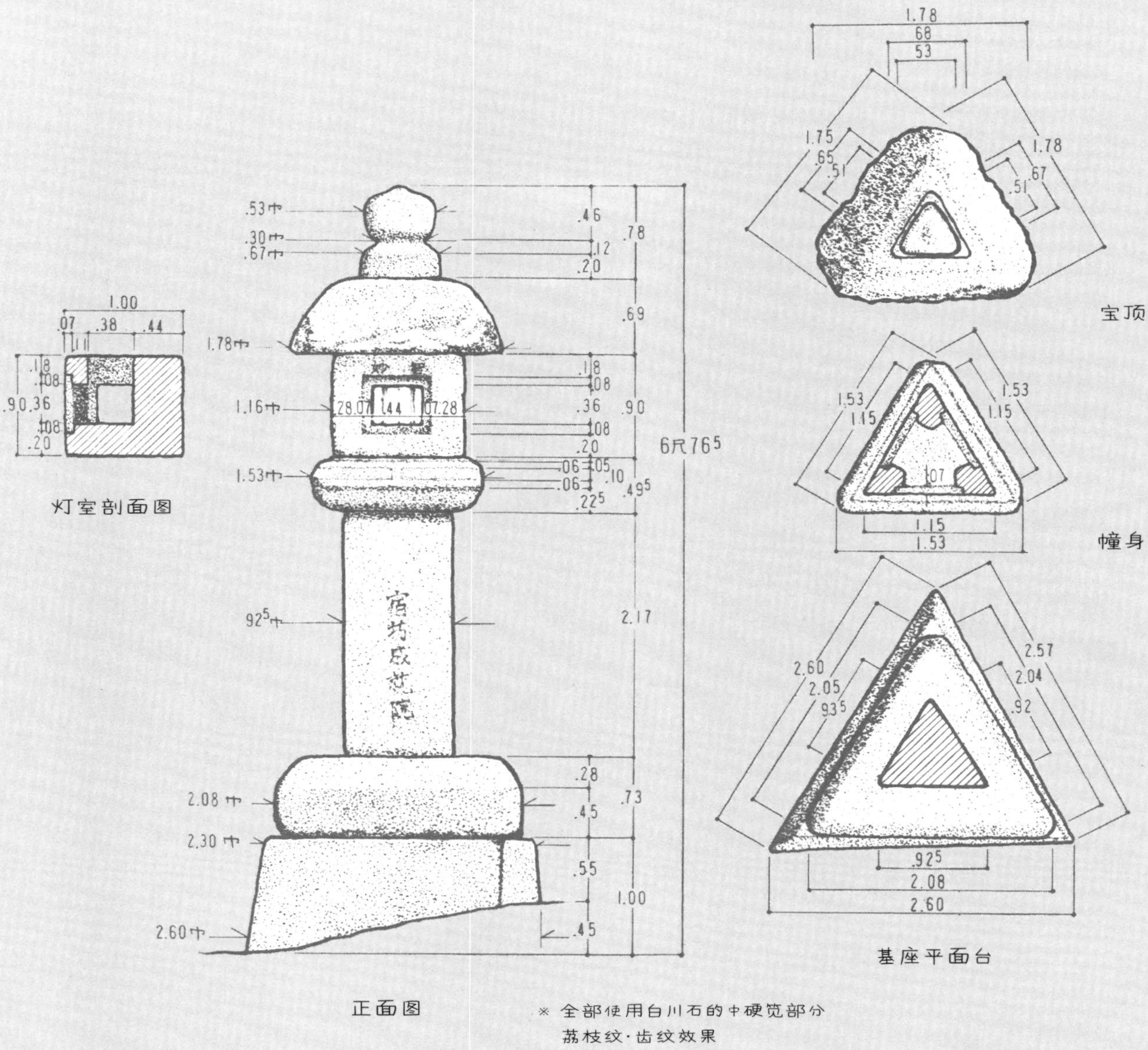

灯室剖面图
正面图
宿坊成就院
6尺76⁵
宝顶平面图
幢身剖面图
基座平面台
※ 全部使用白川石的中硬笕部分
荔枝纹·齿纹效果

成就书书院西侧　三角灯笼细节图　比例尺1:15

苑路上的灯笼 实测图

对龙山庄室外等候处南侧的插入式寄灯笼 火膛

对龙山庄泽渡旁的置灯笼

前方是泽渡，水流注入池内。为了照亮脚下的路，在泽渡旁摆放草屋形状的灯笼。灯笼虽然是人造景物，但是能够衬托出自然界的别样韵味，仿佛就像是不经意摆放在树下，点缀着泽渡，来到这儿的人一定会为景色惊叹。

对龙山庄聚远亭北侧的朝鲜灯笼

位于聚远亭北侧的等候处前摆放着明治时代制作的白川石朝鲜灯笼，仿佛在点缀着粗壮的大树，达到锦上添花的效果。

对龙山庄等候处南侧的插入式寄灯笼

向左拐可以看到庭院，在庭院的西北方向上的角落处有一个等候处，这个等候处上面有一扇圆窗，在这附近摆放着灯笼。从池上的小舟上可以看到这个灯笼，起到标志效果；但是透过等候处的圆窗向外眺望时，又有另一番风情。灯室刻在点火口的后方，使用的是近江的高岛石，多少可以看出镰仓时代末期的模样。雕刻在柱子上的佛像给人一种柔和感，等候处也营造出沉着冷静的意象。

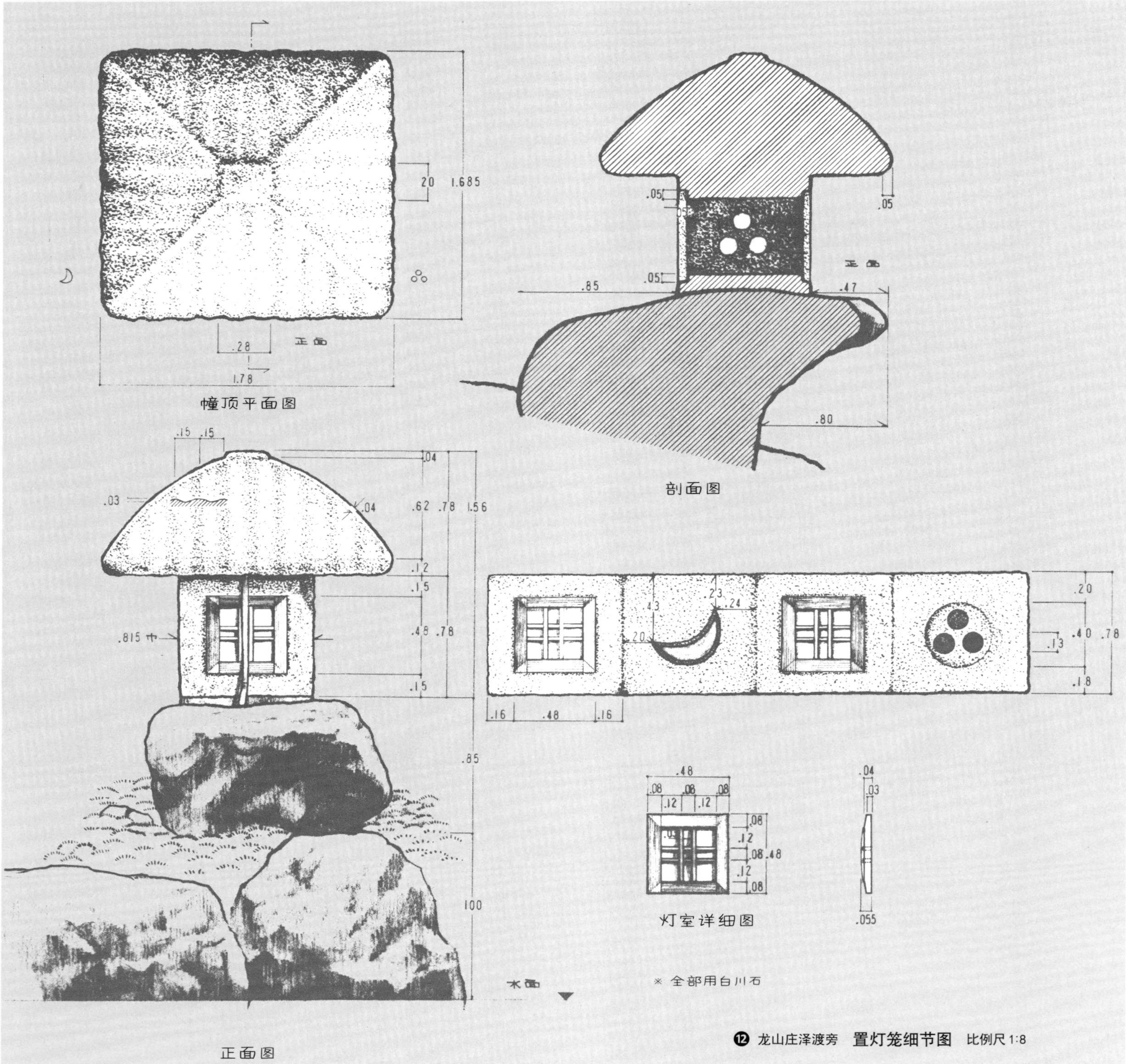

幢顶平面图

剖面图

正面图

灯室详细图

※ 全部用白川石

⑫ 龙山庄泽渡旁 置灯笼细节图 比例尺1:8

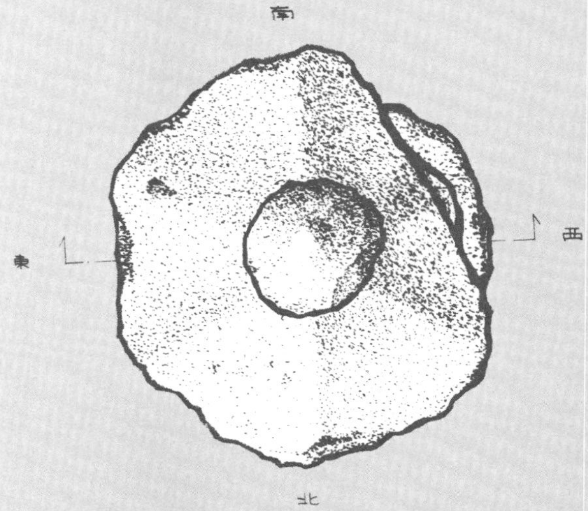

对龙山庄室外等候处南侧 **插入式寄灯笼细节图** 比例尺1:10

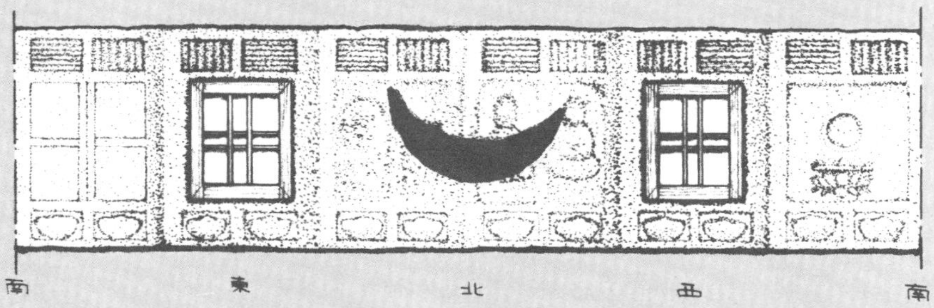

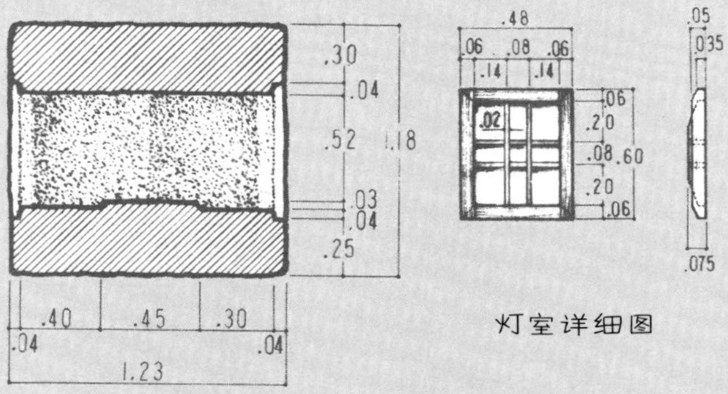

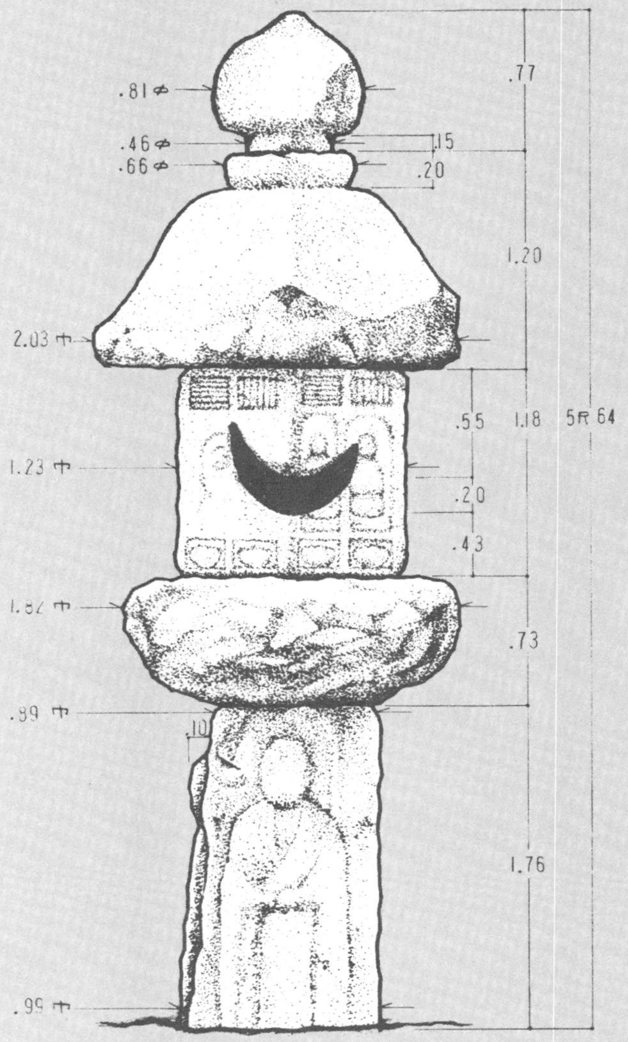

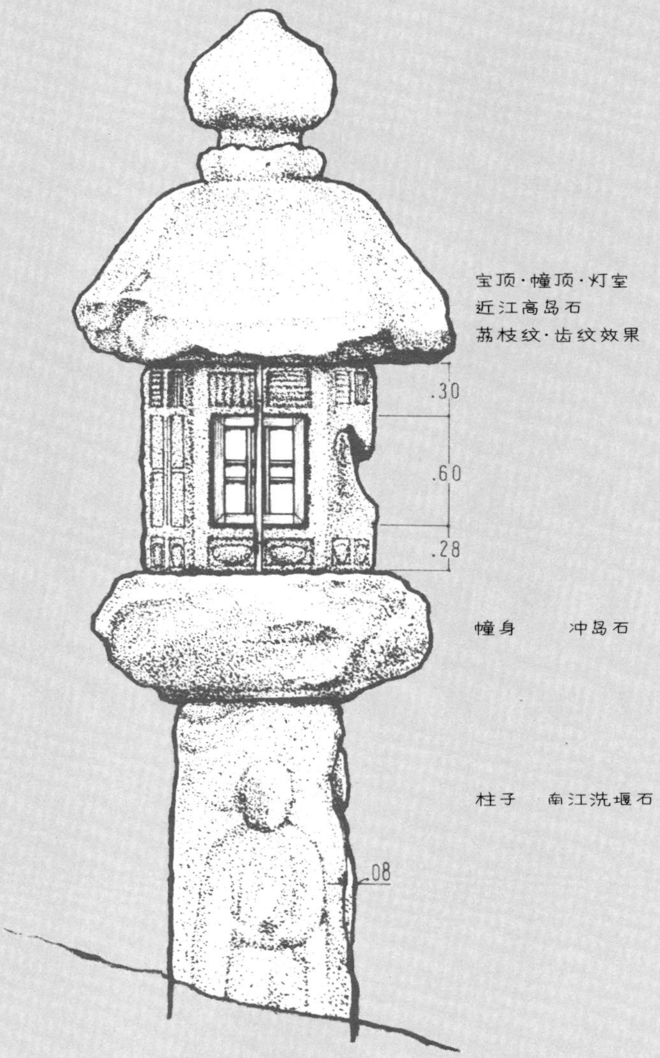

白沙村庄的龟石台灯笼

日本著名画家桥本关雪说白沙村庄的一木一石自己都很喜欢。白沙村庄在庭院中央建池，以主屋和池塘前的古画楼为中心，由茶室和持佛堂构成。从位于池塘北侧的主屋的沓脱石上透过树叶可隐约看到这个灯笼。沿着池塘向南走，位于池塘西侧的古画楼前转一圈，也可隐约看到这个灯笼。因为灯笼高大且厚重，隐藏在树叶中，以若隐若现的形式展现出来，可以说这是设计师匠心的表现所在。

白沙村庄的置灯笼

从问鱼亭到憩寂庵的道路上，摆放着一座灯笼作为照明工具。这个灯笼的台座和灯室部分使用花岗岩，搭配白川石制的宝塔形顶盖，注重每个细节。设计师巧妙地利用人们观赏之心，打造出寄灯笼与众不同的存在感。

北村邸的八角灯笼

八角灯笼被指定为日本重要文化财产。顶盖上的曲线较少，垂直的蕨手形设计，大面积灯室内分别刻有观音和地藏，圆柱形支柱的中段部分刻着连珠纹。幢身的侧面打薄处理，下端部分做向上凸起的立体大花瓣设计。此灯笼使用的是白川石，是镰仓时代中期的作品。八角灯笼基本上不作为照明目的来使用，而是用于观赏。东侧运用借景手法借取大文字山之景，用麻砾树将人们的目光引向南侧，将八角灯笼摆放于大树下，这是最合理的搭配。

林屋邸的旧小町寺灯笼

京都市左京区静原补陀落寺（俗称小町寺）内的小町形灯笼是镰仓时代后期制作而成的，小型基座设计，搭配鲜艳的莲花座图案，顶盖和幢身都给人一种庄重感。大面积灯室的四面雕刻着四大天王的图像。

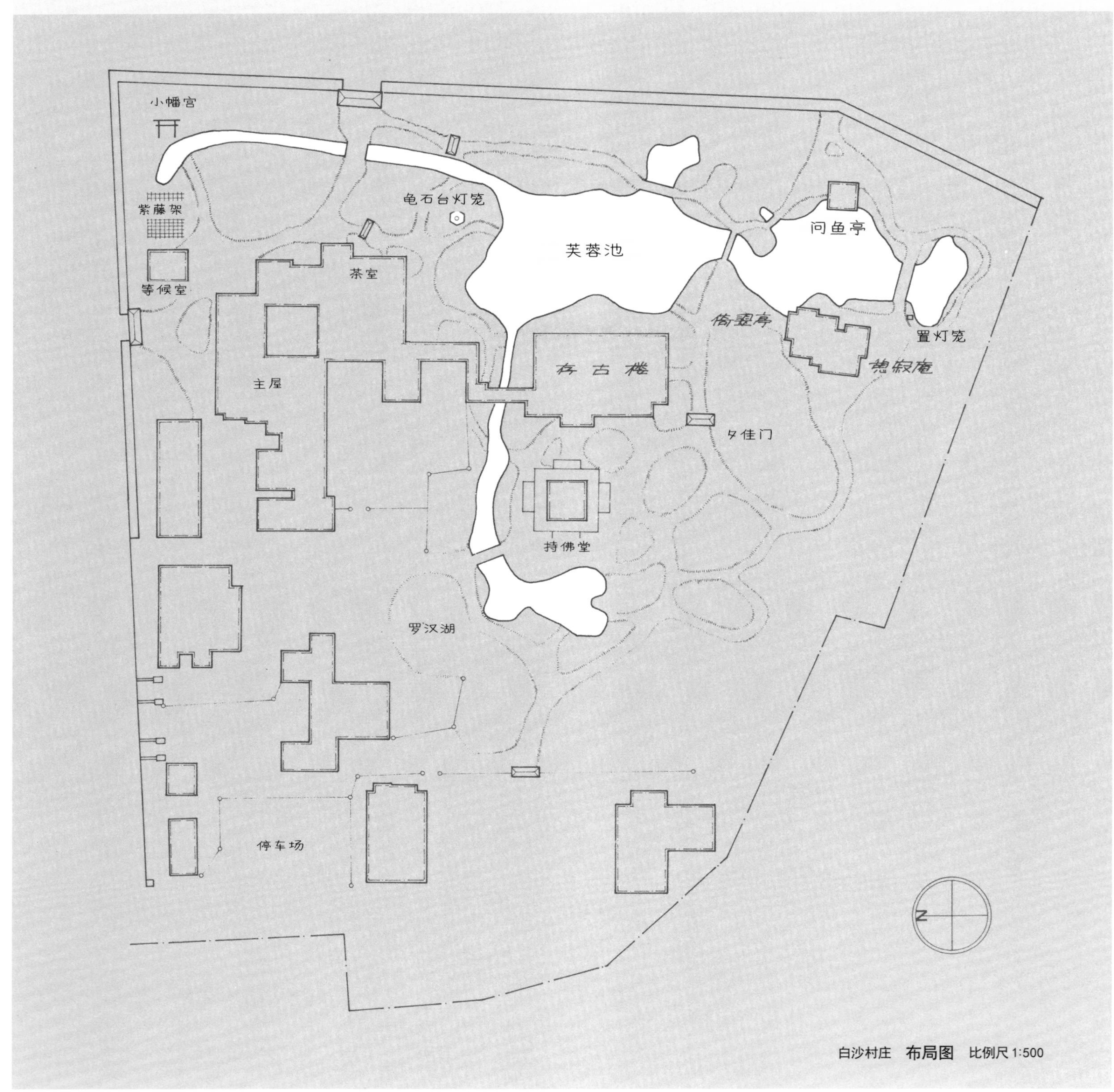

白沙村庄 布局图 比例尺1:500

白沙村庄的置灯笼 整体图

白沙村庄的置灯笼 从石桥方向看

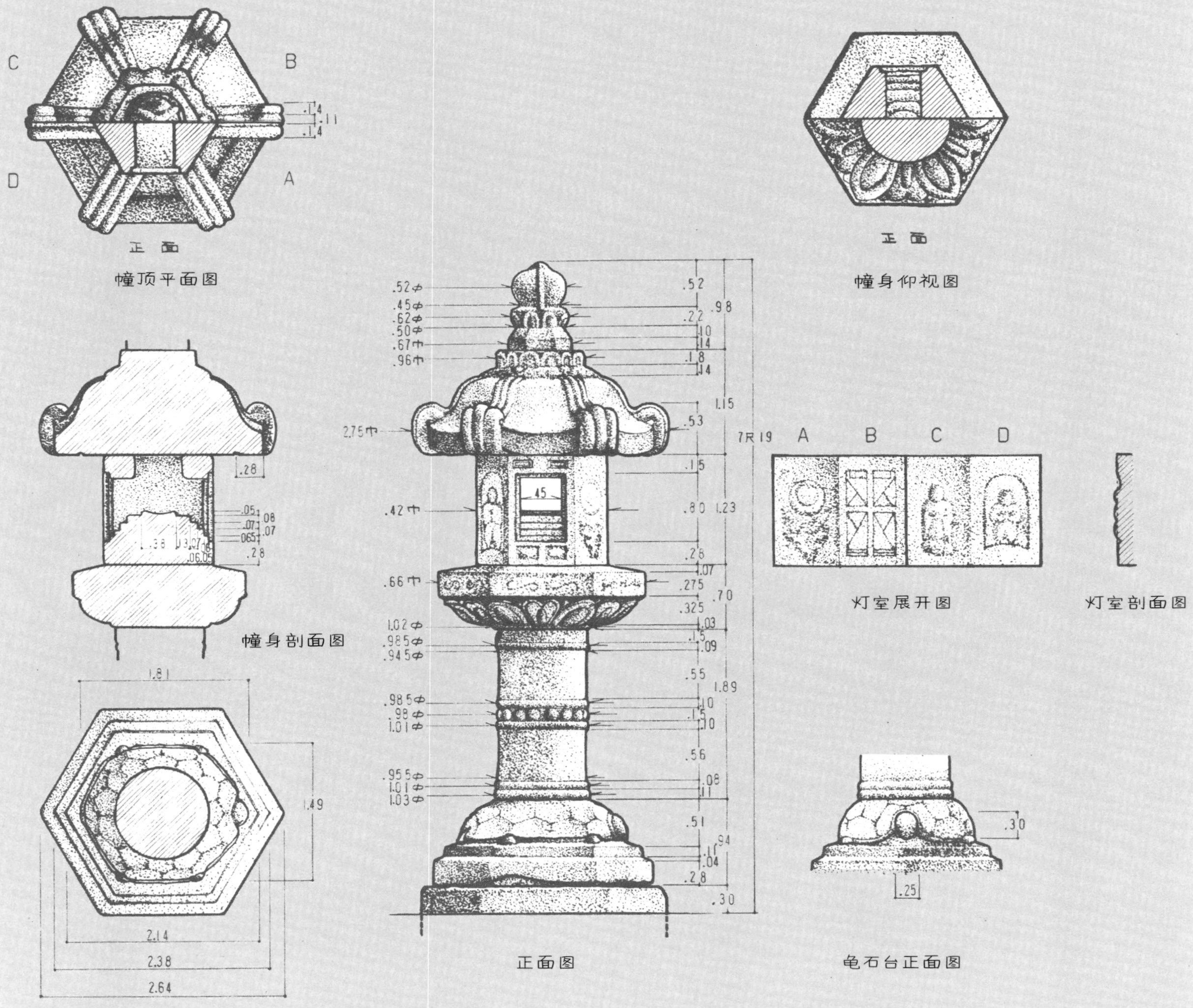

在中央处展现出“扶持之松”的雄大而又兼具美感的树枝形态，轩内的茶庭位于大厅正中央，灯笼也摆放在此处。不仅秀美，而且能够与周围相协调展现出自己的美感。

正面

幢顶平面图

幢身剖面图

龟石台平面图

正面图

正面

幢身仰视图

灯室展开图

灯室剖面图

龟石台正面图

※ 全部使用白川石
最后一道工序采用荔枝纹·齿纹效果

白沙村庄 **龟石台灯笼细节图** 比例尺 1:15

苑路上的灯笼 实测图

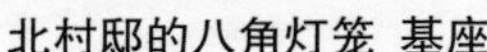

北村邸的八角灯笼 基座

北村邸的八角灯笼 幢身

北村邸的八角灯笼 灯堂

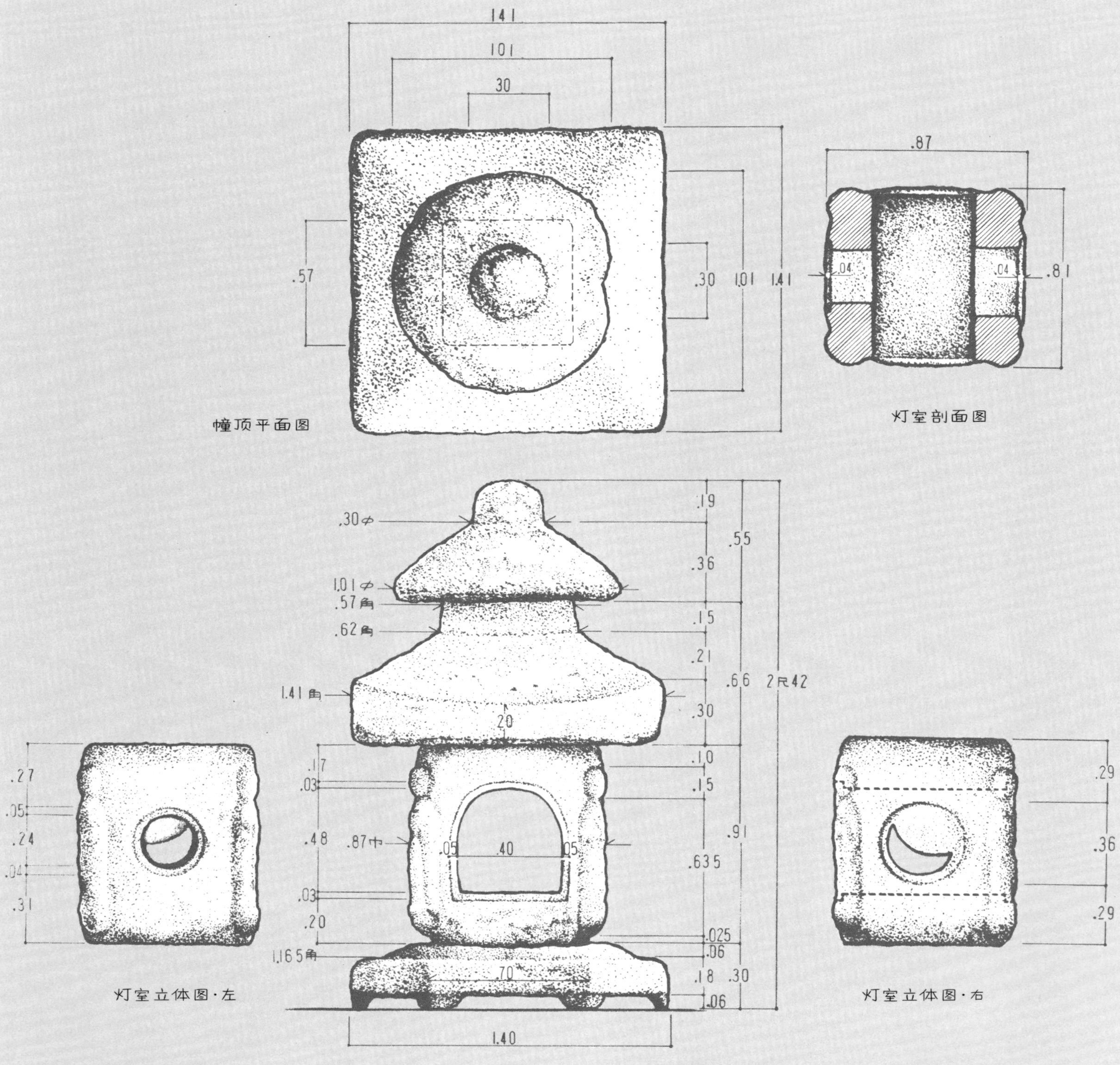

幢顶平面图

灯室剖面图

灯室立体图·左

灯室立体图·右

白沙村庄 **置灯笼详图** 比例尺1:8

正面图

※ 宝顶使用丰岛石，顶盖使用白川石，灯室和幢身使用本御影石做荔枝纹·齿纹效果处理

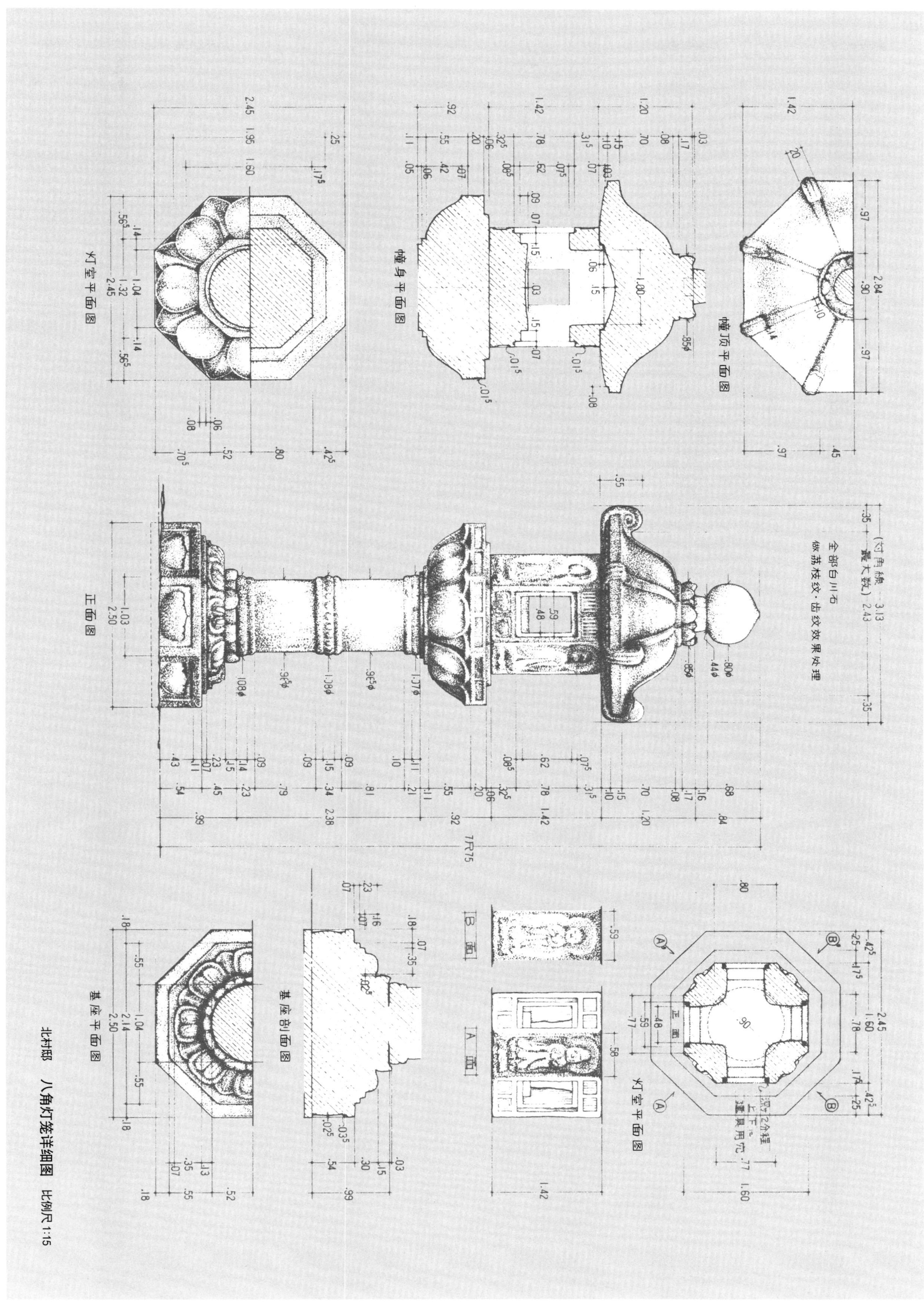

北村邸 八角灯笼详细图 比例尺1:15

池畔的灯笼

桂离宫的灯笼

上 = 桂离宫笑意轩的乘舟三光灯笼
下 = 桂离宫洲滨的岬灯笼

桂离宫的岬灯笼和松琴亭

成就院的灯笼

左 = 成就院书院前的池庭景观
左上 = 成就院山脚的四角灯笼
右上 = 成就院池畔的蜻蜓灯笼
下 = 成就院池畔的置灯笼

冈山后乐园的雪见灯笼

上・下＝景观

传法院书院前的雪见灯笼

兼六园的灯笼

上 = 兼六园（金泽）霞池的琴柱灯笼
下 = 兼六园飘池的海石塔

右 古峰神社的灯笼

北村邸的灯笼

上 北村邸的三角灯笼　　中 北村邸的置灯笼 顶盖俯视

左・右＝上部

右下 北村邸的置灯笼

右＝东面 左＝南面

左 北村邸石桥附近的景观

金地院的织部灯笼

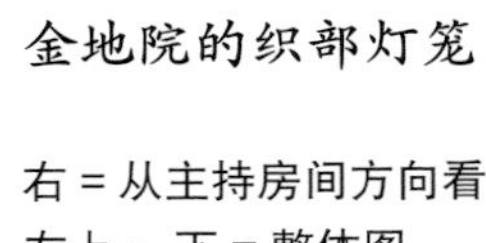

右＝从主持房间方向看
左上・下＝整体图

孤篷庵的灯笼

左 = 孤篷庵的主庭景观图
上 = 孤篷庵的六角灯笼
中 = 孤篷庵的雪见灯笼
下 = 孤篷庵的圆形十五重塔

筑山上的灯笼

左 真如院枯流旁的瓜实灯笼
上 青莲院的好文亭和十一重塔

冈山后乐园的灯笼

惠林寺的灯笼

曼殊院的三重塔灯笼

上 = 整体图
左 = 从书院方向看

曼殊院的织部灯笼

下 = 从书院方向上看
右 = 上部
左 = 柱子

乐乐园的六角灯笼

下 = 景观
右 = 上部
左 = 幢身

森邸的二重塔灯笼

实测图·解说二

日本庭院集成

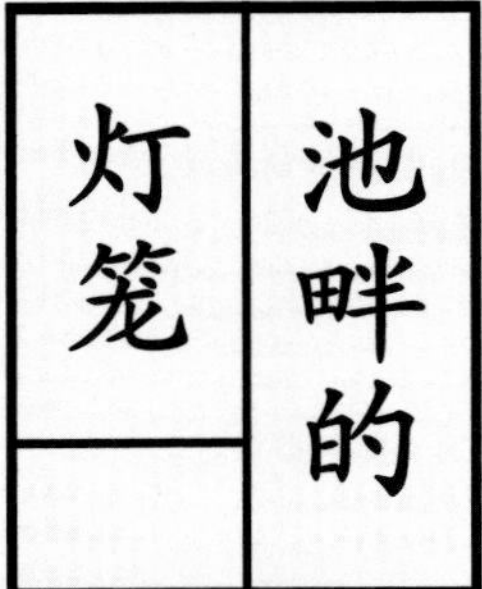

池畔的灯笼通常摆放在小船边上，既是灯塔、码头的照明工具，有时也作为小船的篝火。因此，根据摆放的场所不同，灯笼有时也作为海角或海滨上灯塔的照明工具。和苑路上的灯笼用法一样，灯笼摆放在中岛以及池泉正面的湖泊边上，作为蓬莱仙岛的灯光，有着特别的寓意。

摆放在舟游式池泉庭院内时，根据灯笼呈现的景象不同，所带来的趣味也不同。因此，将灯笼摆放在靠近水的地方，可以让灯光呈现出高低变化感；摆放在山上或堤坝边，可以从高处照射出亮光；摆放在池畔的明亮处，可以放大池泉的景象。如果是非舟游式池泉庭院，则通常作为小船的照明工具来摆放使用。

桂离宫笑意轩的三光灯笼

因为这个灯笼的点火窗口刻有日·月·星辰，因此称其为三光灯笼。灯笼无柱子和幢身部分，只有顶盖。虽然下了船后几乎看不清周围，但是能从远处的小船上眺望灯笼，仿佛就像是从湖面上眺望渔村人家里的灯火。

桂离宫沙洲的岬灯笼

通往松琴亭的岸边小道上有表现出海滨风情的沙洲，在这个沙洲的一端摆放着灯笼，天桥到松琴亭的全景和沙洲上的鳞石衬托出了灯笼的美，弯曲的沙洲赋予灯笼变化感。

桂离宫笑意轩 三光灯笼细节图 比例尺1:5

※ 全部使用丰岛石

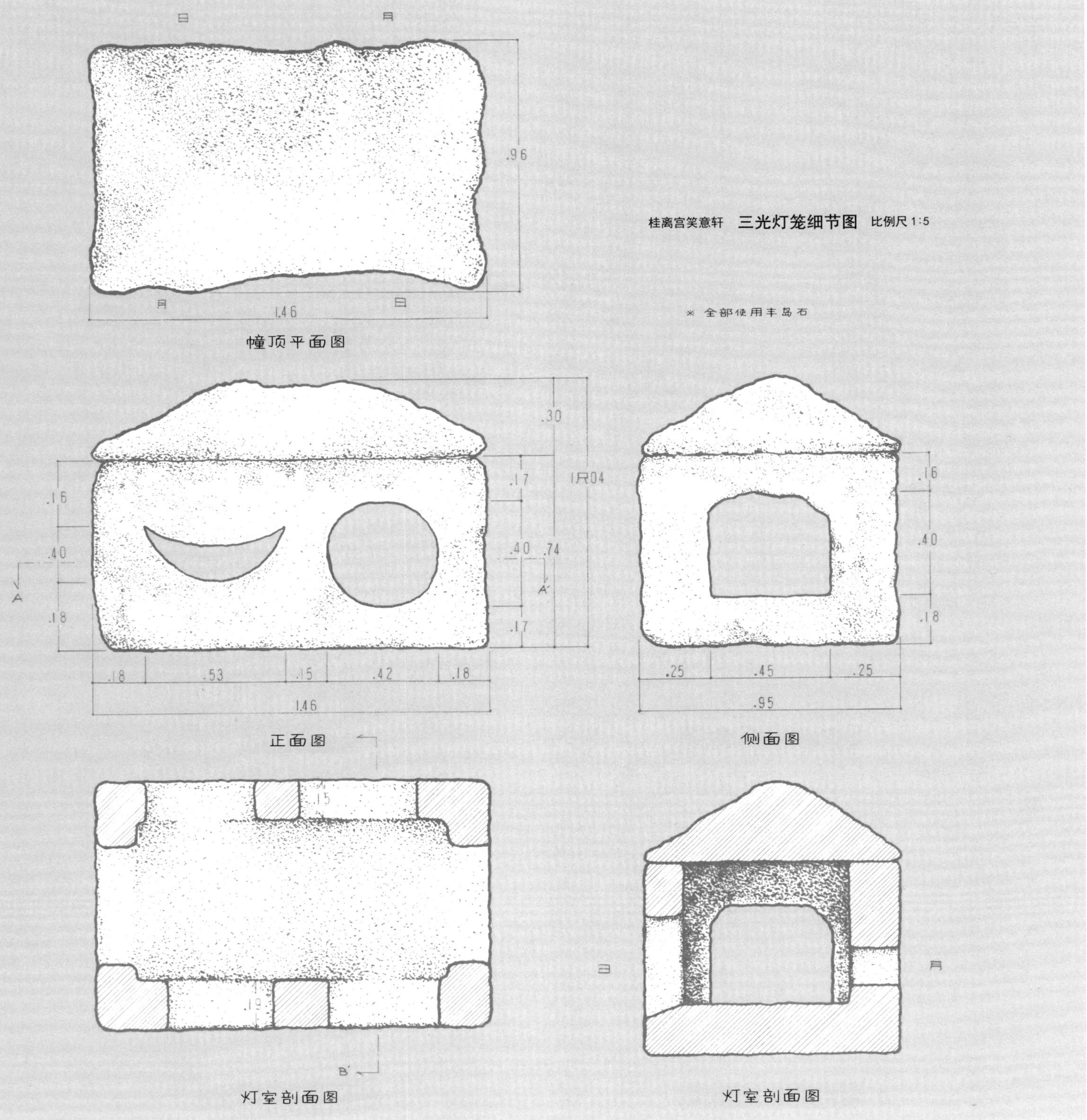

幢顶平面图

正面图

侧面图

灯室剖面图

灯室剖面图

1984年12月实测

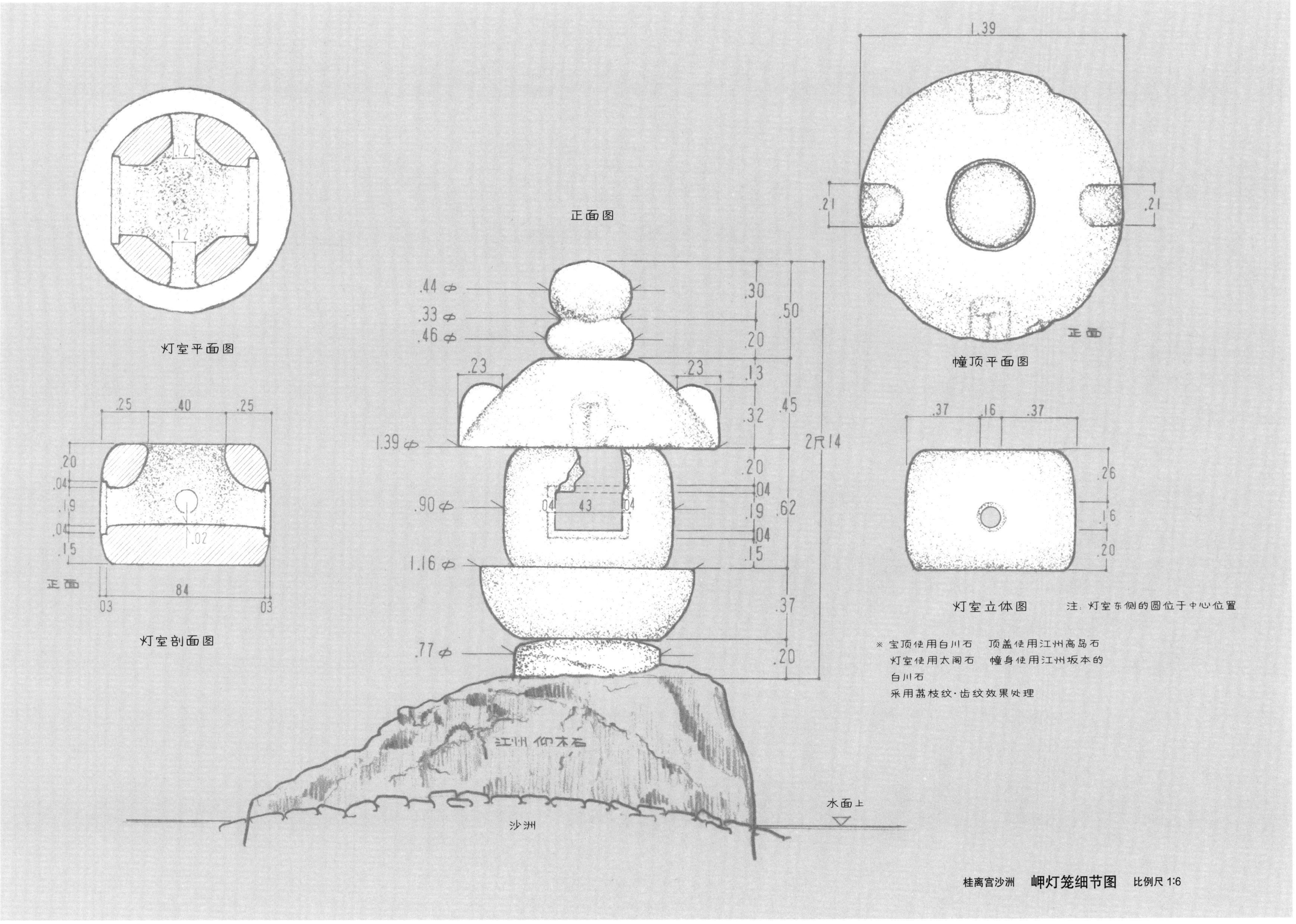

桂离宫沙洲 **岬灯笼细节图** 比例尺 1:6

1984年12月实测

成就院池畔的蜻蜓灯笼 上部

成就院池畔的蜻蜓灯笼
成就院山脚的四角灯笼
成就院池畔的置灯笼

成就院庭院能让人感受到室町时代的遗俗，是一座与众不同的庭院。园内放有九个石灯笼，每一个都别具特色。其中，蜻蜓和置这两座灯笼有着独特的造型，与山谷相隔的山脚的四角灯笼则展现出秀气感。

虽然不知道蜻蜓这一名称从何而来，但是蜻蜓灯笼从整体上看，与闭合着翅膀的蜻蜓极为相似。立在中岛（龟岛）的灯笼摆放在蜻蜓灯笼的右侧，与相互交织在一起的乌帽子岩一起展现出一种独特的氛围，让人感到惊奇。置灯笼则利用了五轮塔的水轮设计。

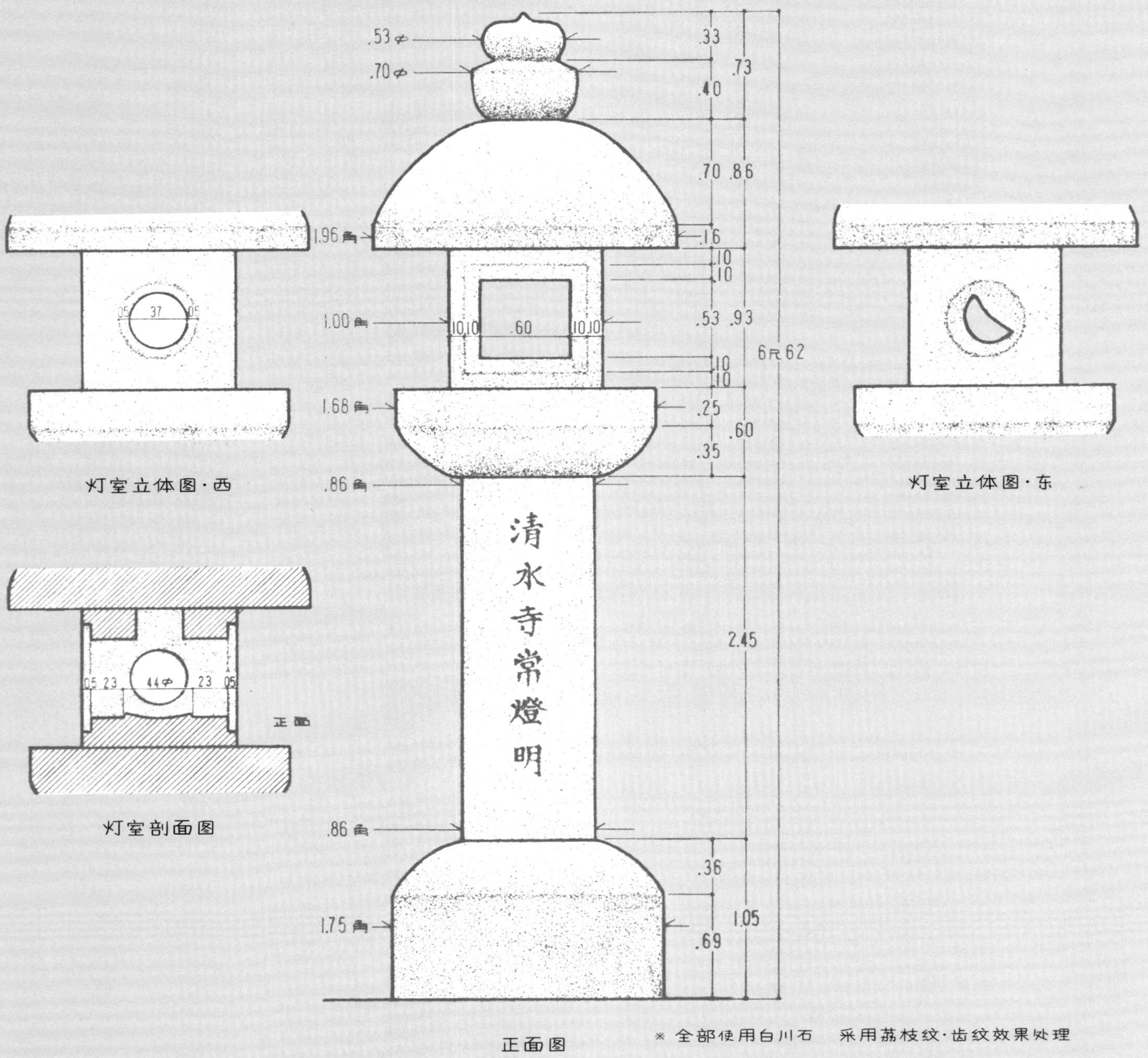

清水寺常燈明

灯室立体图·西

灯室立体图·东

灯室剖面图

正面图

※ 全部使用白川石　采用荔枝纹·齿纹效果处理

成就院山脚 **四角灯笼细节图** 比例尺 1:10

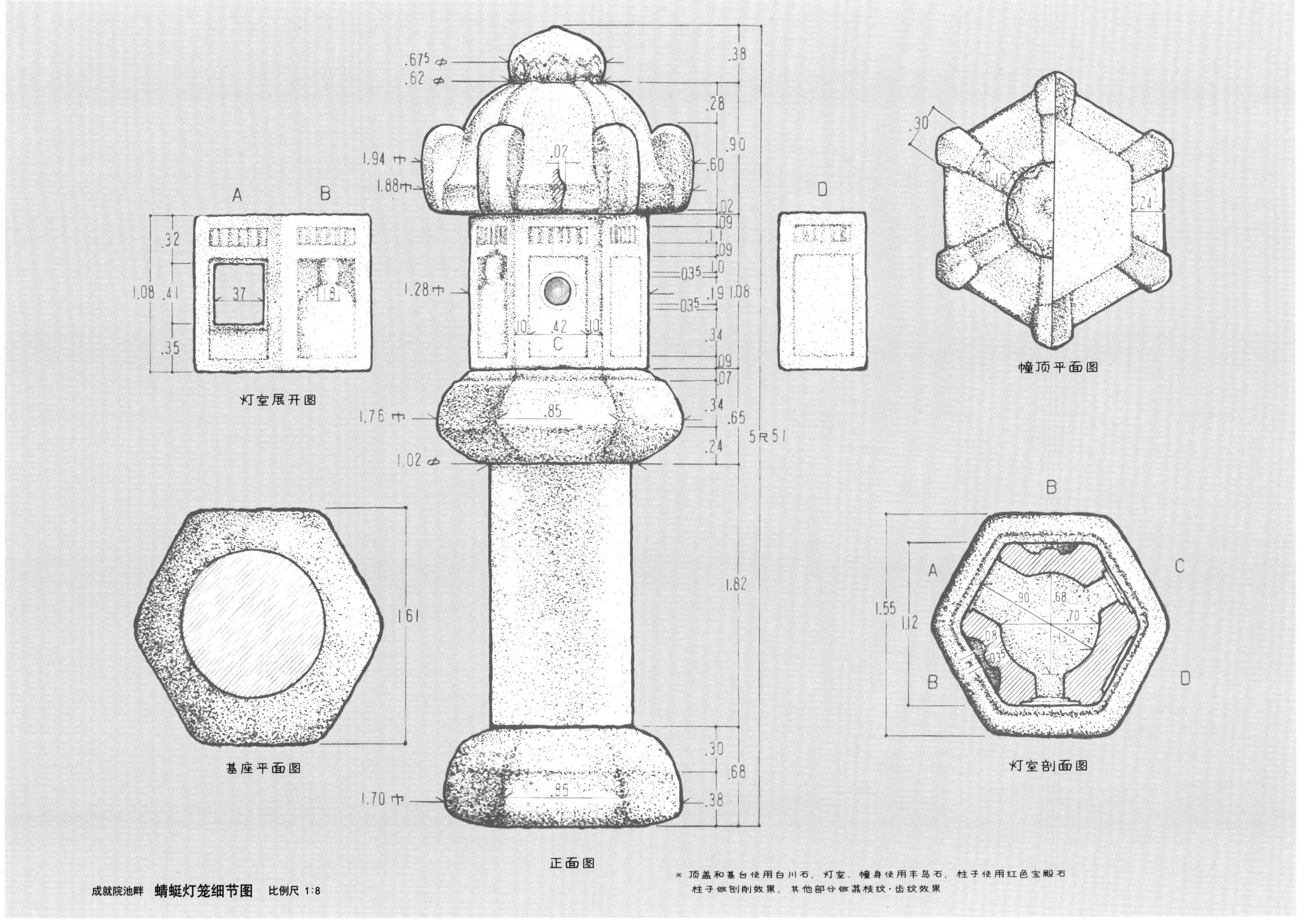

成就院池畔 **蜻蜓灯笼细节图** 比例尺 1:8

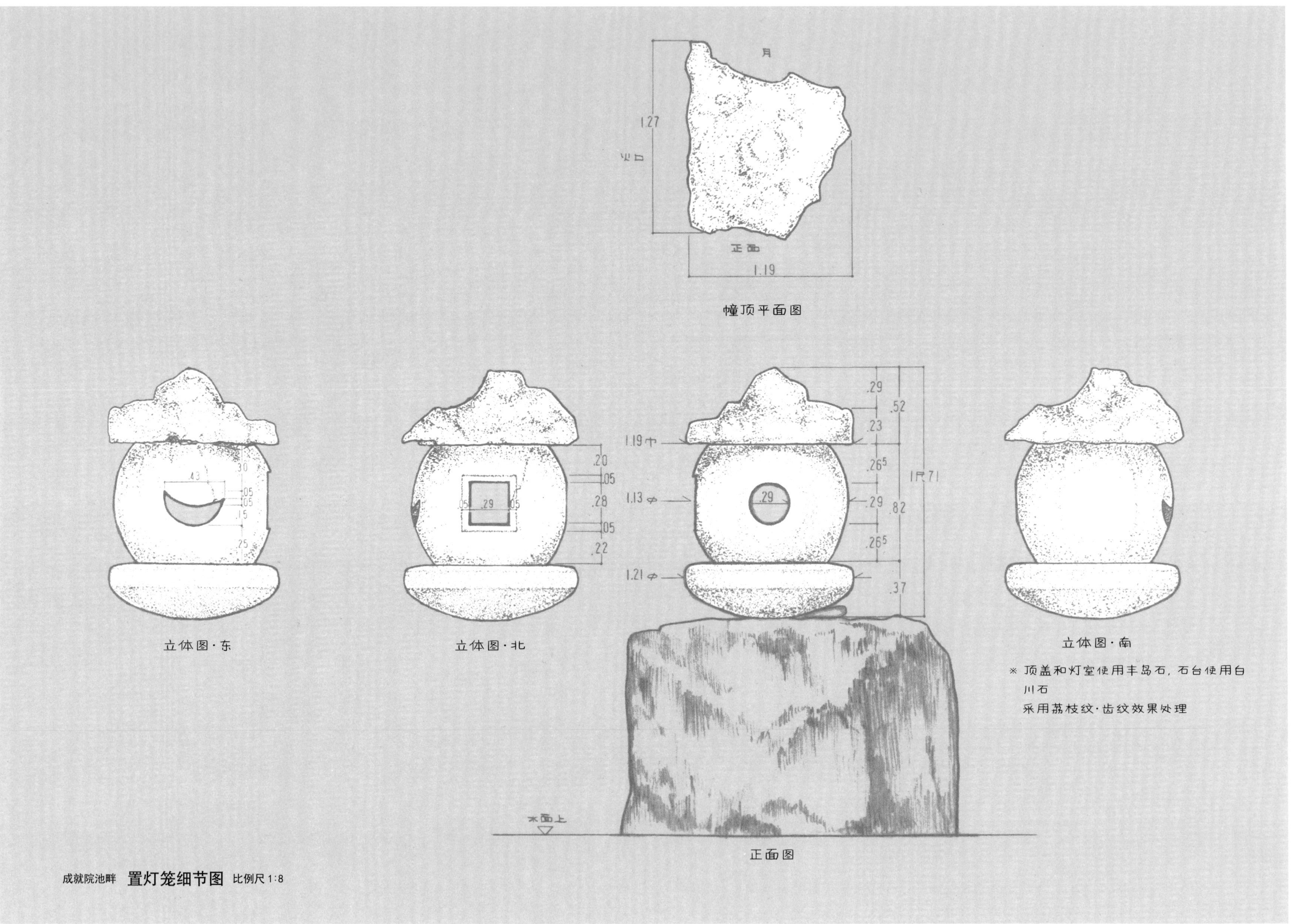

成就院池畔 置灯笼细节图 比例尺 1:8

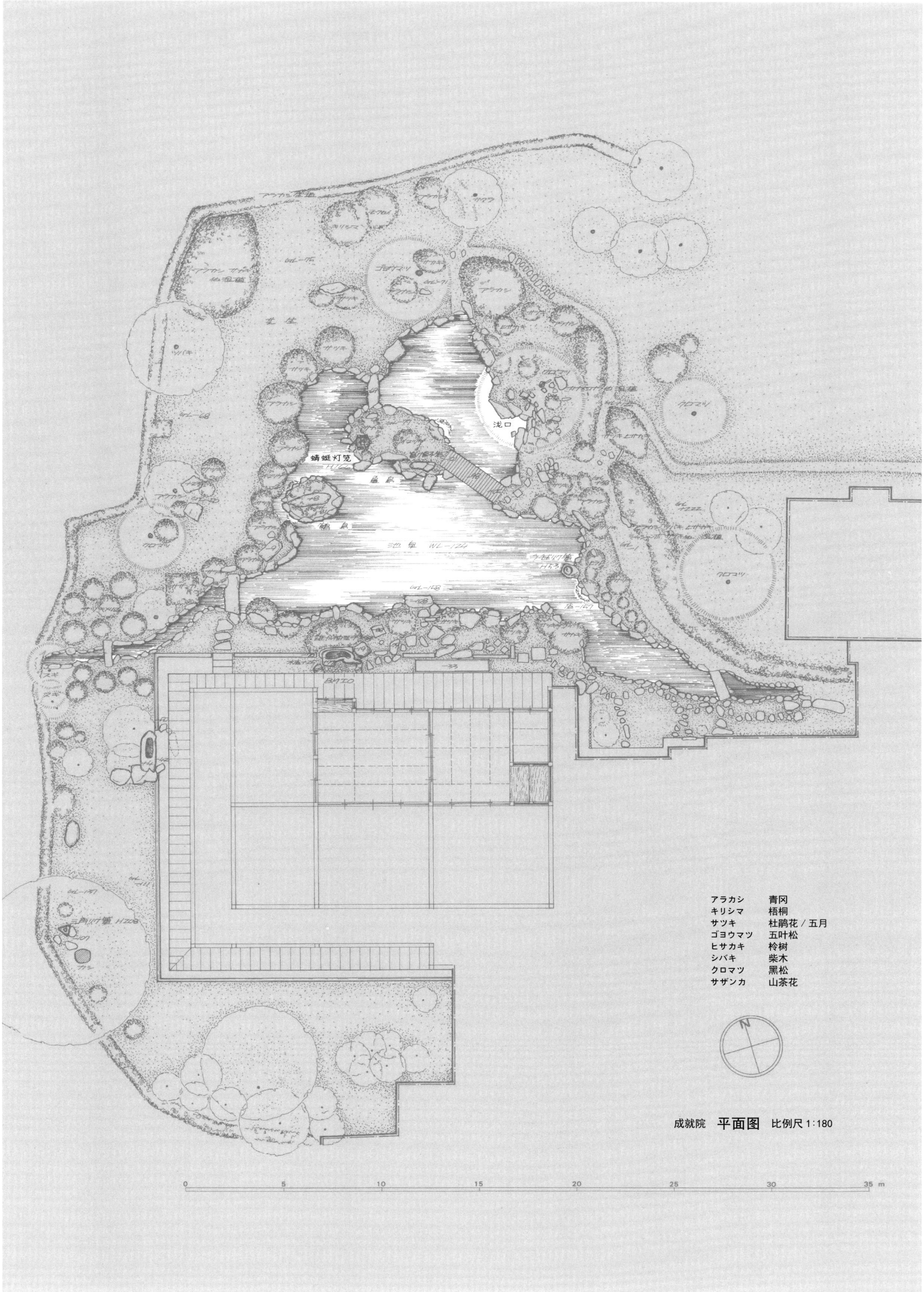

蜻蜓灯笼

泷口

アラカシ	青冈
キリシマ	梧桐
サツキ	杜鹃花／五月
ゴヨウマツ	五叶松
ヒサカキ	柃树
シバキ	柴木
クロマツ	黑松
サザンカ	山茶花

N

成就院 **平面图** 比例尺 1:180

0 5 10 15 20 25 30 35 m

池畔的灯笼 实测图

池畔的灯笼 实测图

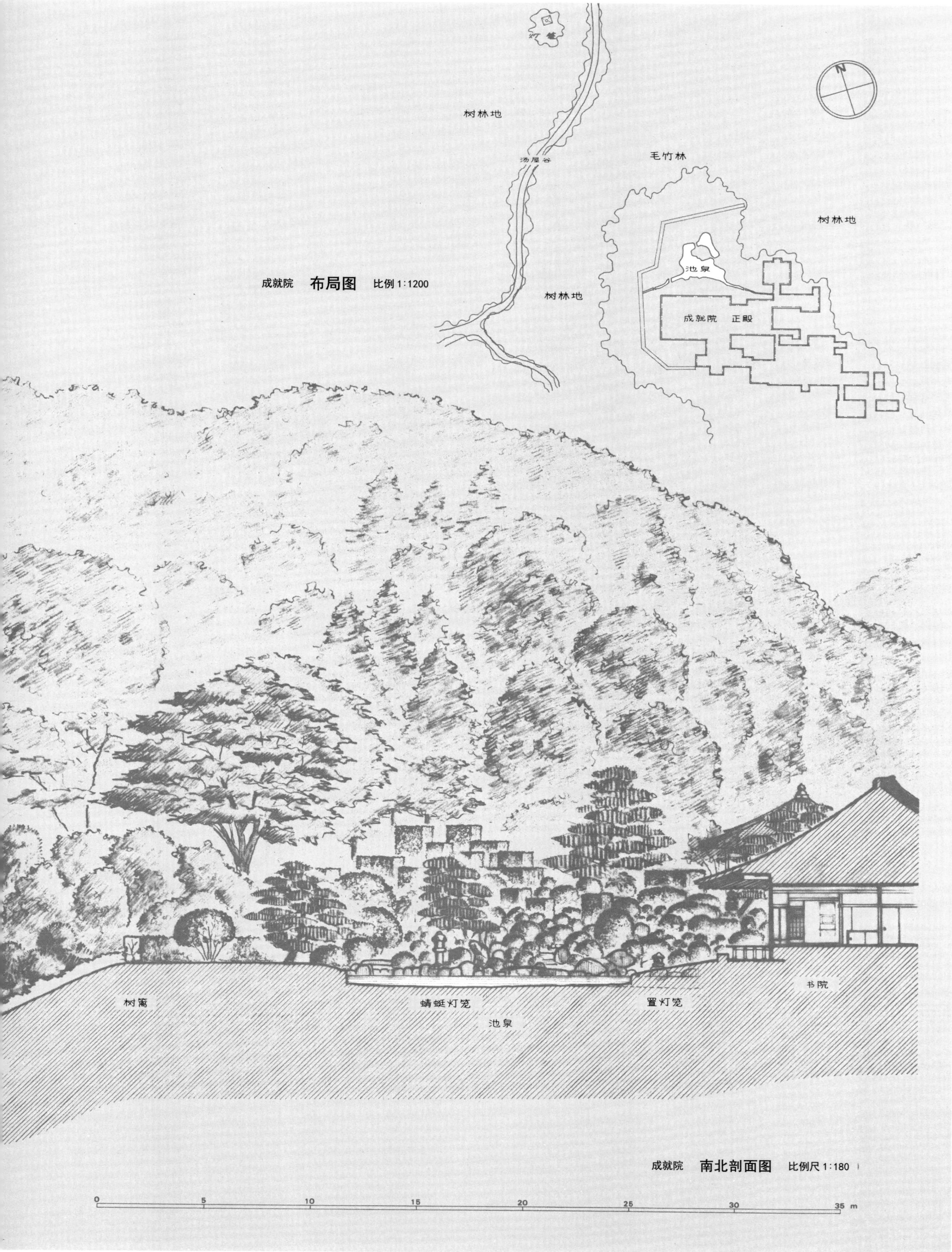

灯笼
树林地
汤屋谷
毛竹林
树林地
池泉
成就院 **布局图** 比例1:1200
树林地
成就院 正殿

树篱
蜻蜓灯笼
置灯笼
池泉
书院

成就院 **南北剖面图** 比例尺1:180

0 5 10 15 20 25 30 35 m

池畔的灯笼 实测图

冈山后乐园的雪见灯笼

虽然后乐园有很多灯笼以及石制品，但是从整体上看上去并没有令人眼前一亮的摆放位置。在这样的环境当中设计师将雪见灯笼摆放在最引人注目的位置上。

作为当时的庭院文化，这一设计给人一种非常优美的感觉，雪见灯笼虽然比较大，但是其做工非常精致。因为是比较精美的灯笼，将其摆放在中岛当中也是最为普遍的方法。

清水园同仁斋东洲的置灯笼

这座岬角形状的灯笼看上去如此有型，不仅仅是因为其形状，更是因为放置在沙洲之中，优势才更加被凸显出来。从这一点来看，可以说这个灯笼衬托出了沙洲的美景。

传法院书院前的雪见灯笼

不管怎么说，江户时代庭院文化的核心还是在江户，诸多大名的宅邸内建造了很多庭院。传法院也是受到其影响后所建造的大池泉庭。竖立在池泉中的雪见灯笼，三脚的基座可以称为是关东形状。完全以灯笼为核心的构建法成为一种流行时尚，遍布日本各地。

兼六园霞池的琴柱灯笼

兼六园作为金泽的观光胜地，被介绍最多的场景应该是将琴柱灯笼配置在前端的构图。

大多数大领主的庭院通常都是通过在中岛、半岛或者是在池中央放置灯笼，将水池的景色会聚于灯笼上，但是在这里所使用的手法恰恰相反，将灯笼摆放于水池边缘，隔着灯笼来欣赏水池的景色，从而使水池的景色更加丰富多彩。和桂离宫的岬灯笼在中滨的美景一样，这座琴柱灯笼也因为在池泉的这个位置上，才显得更加美丽。它的别称为濡鹭灯笼。

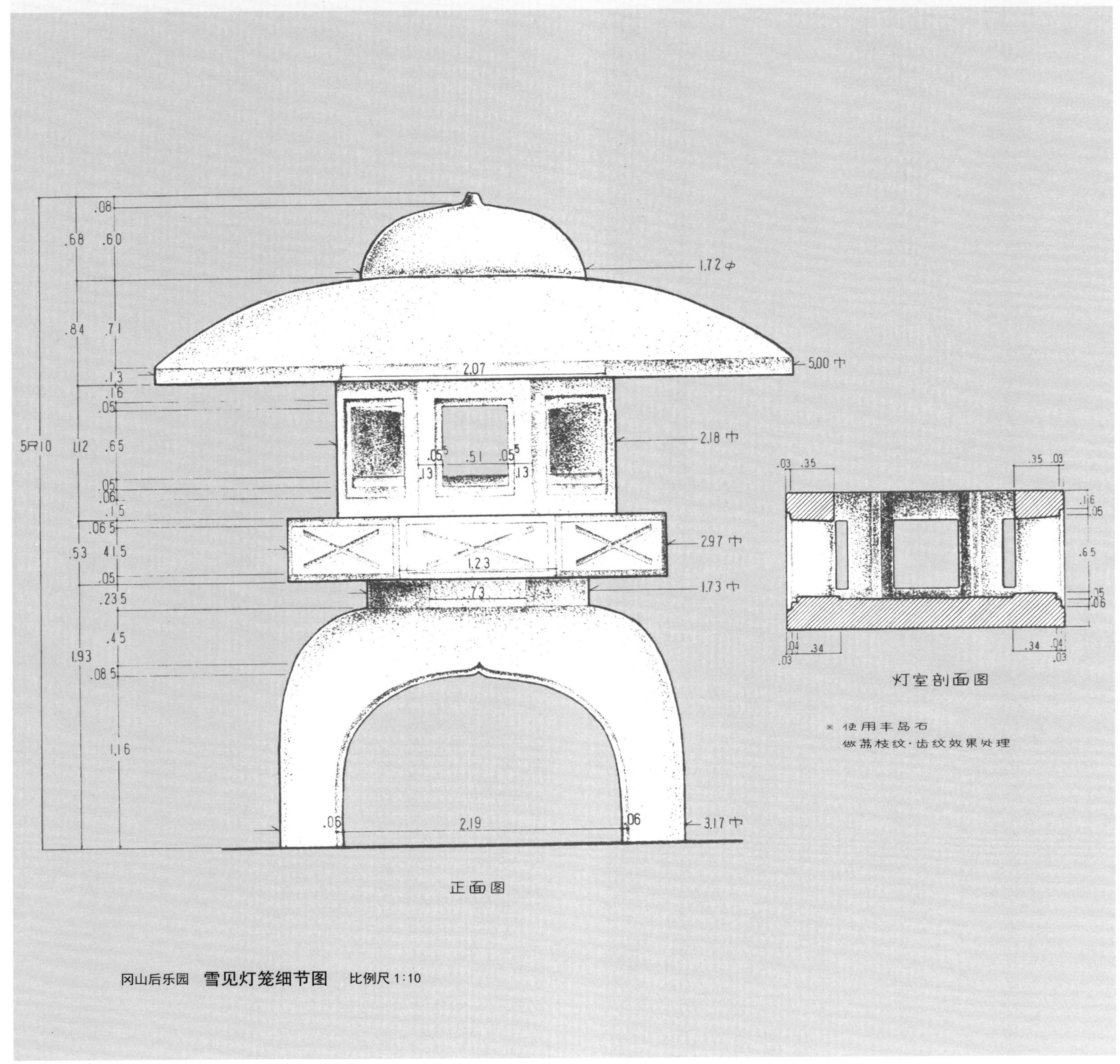

冈山后乐园 雪见灯笼细节图 比例尺 1:10

兼六园霞池的琴柱灯笼 整体图

兼六园瓢池的海石塔

同琴柱石灯笼所在的霞池相比，这里有流动的水流。翠瀑（瀑布名）的水流落入瓢池，海石塔矗立在瓢池的大中岛上。从石材来判断，应该是产自日本。最初应为多层石塔，在上下两处放入两个灯室，从而形成塔式石灯笼。在此石灯笼的对面，北面的人工岛上设有夕阳亭茶席。

古峰神社池畔的四角石灯笼
古峰神社池畔的雪花形石灯笼

古峰神社由日本现代园艺界第一人岩城亘太郎建造，把古典的大池泉回游式庭院在现代进行了再现，把桂离宫作为参照背景，并配置石灯笼。

但是，由于此处并不存在对类似于桂离宫的景观进行所谓的转换变化的设计意图，因而石灯笼自身的存在感在意料之中。

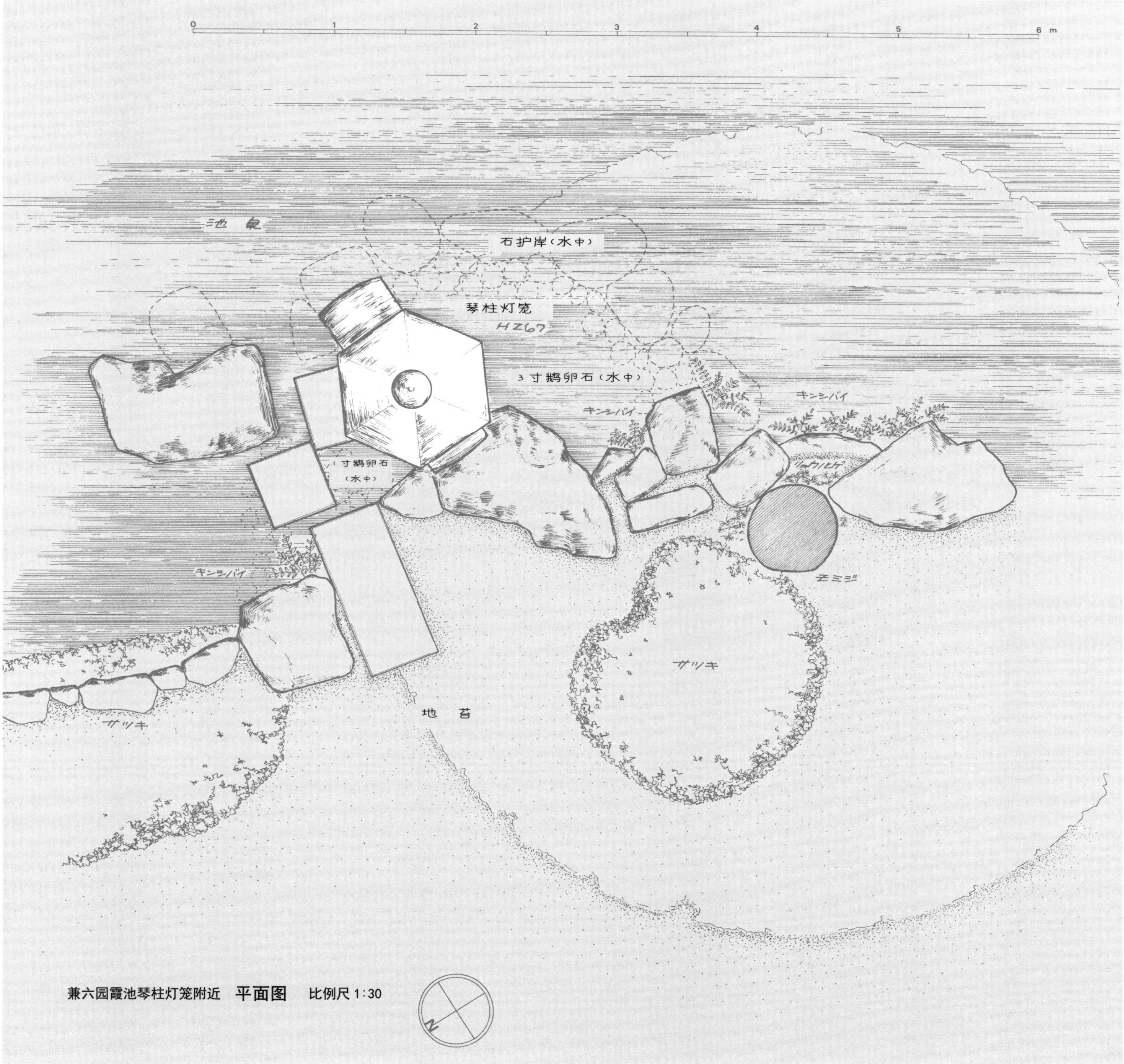

兼六园霞池琴柱灯笼附近 平面图 比例尺 1:30

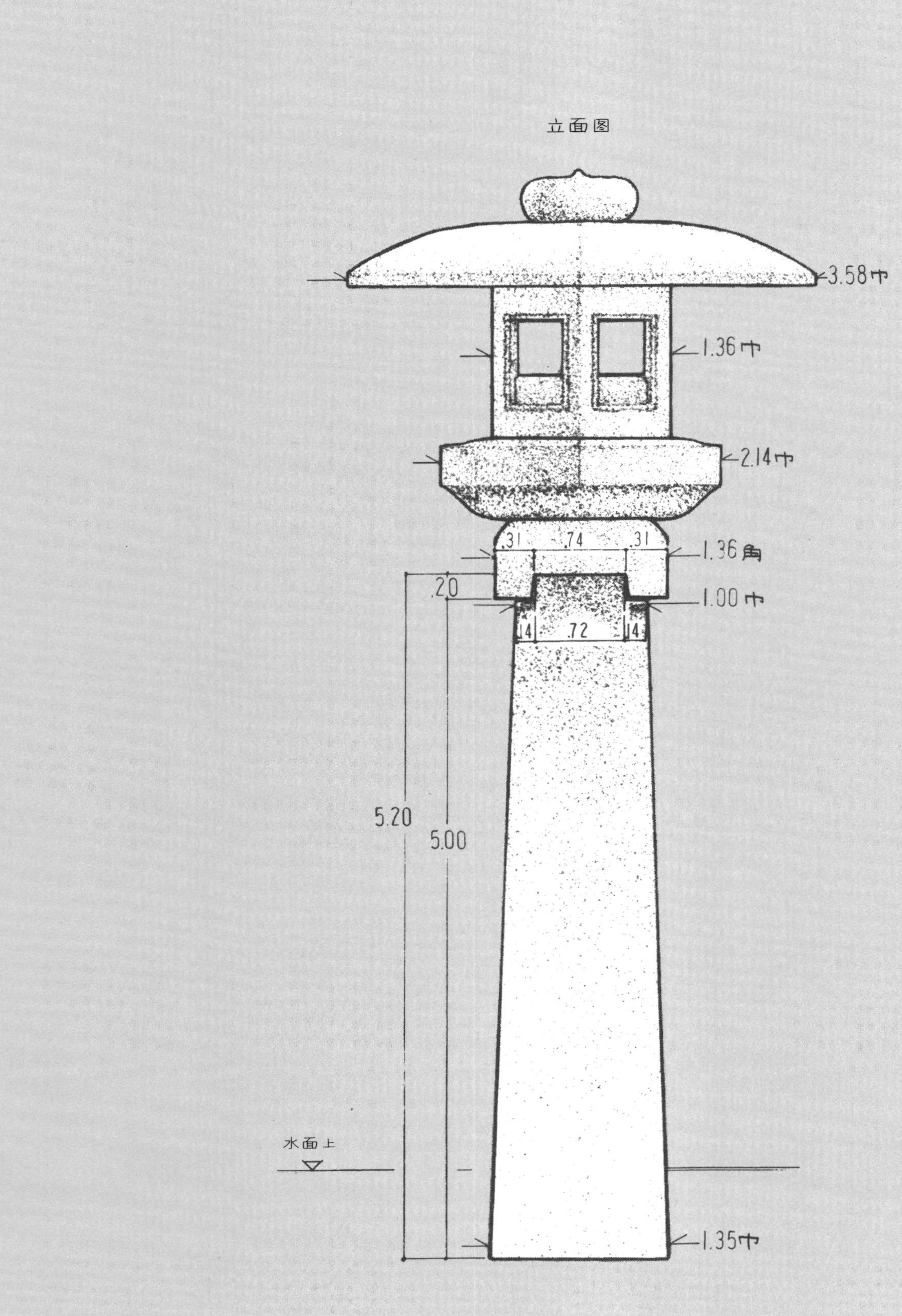

兼六园霞池　琴柱灯笼细节图　比例尺 1:15

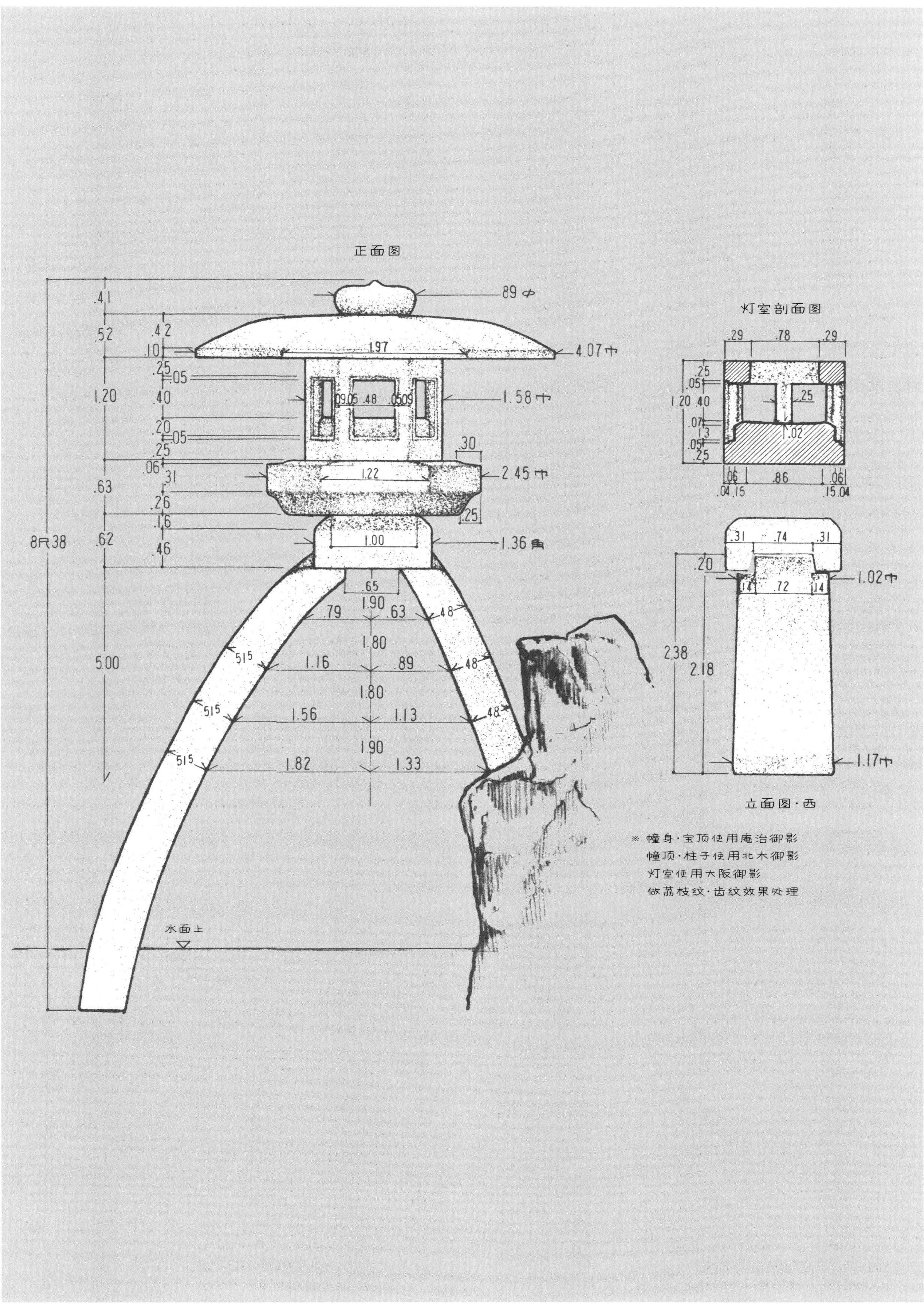
正面图
灯室剖面图
立面图·西
水面上
8尺38
※ 幢身·宝顶使用庵治御影
幢顶·柱子使用北木御影
灯室使用大阪御影
做荔枝纹·齿纹效果处理

池畔的灯笼 实测图

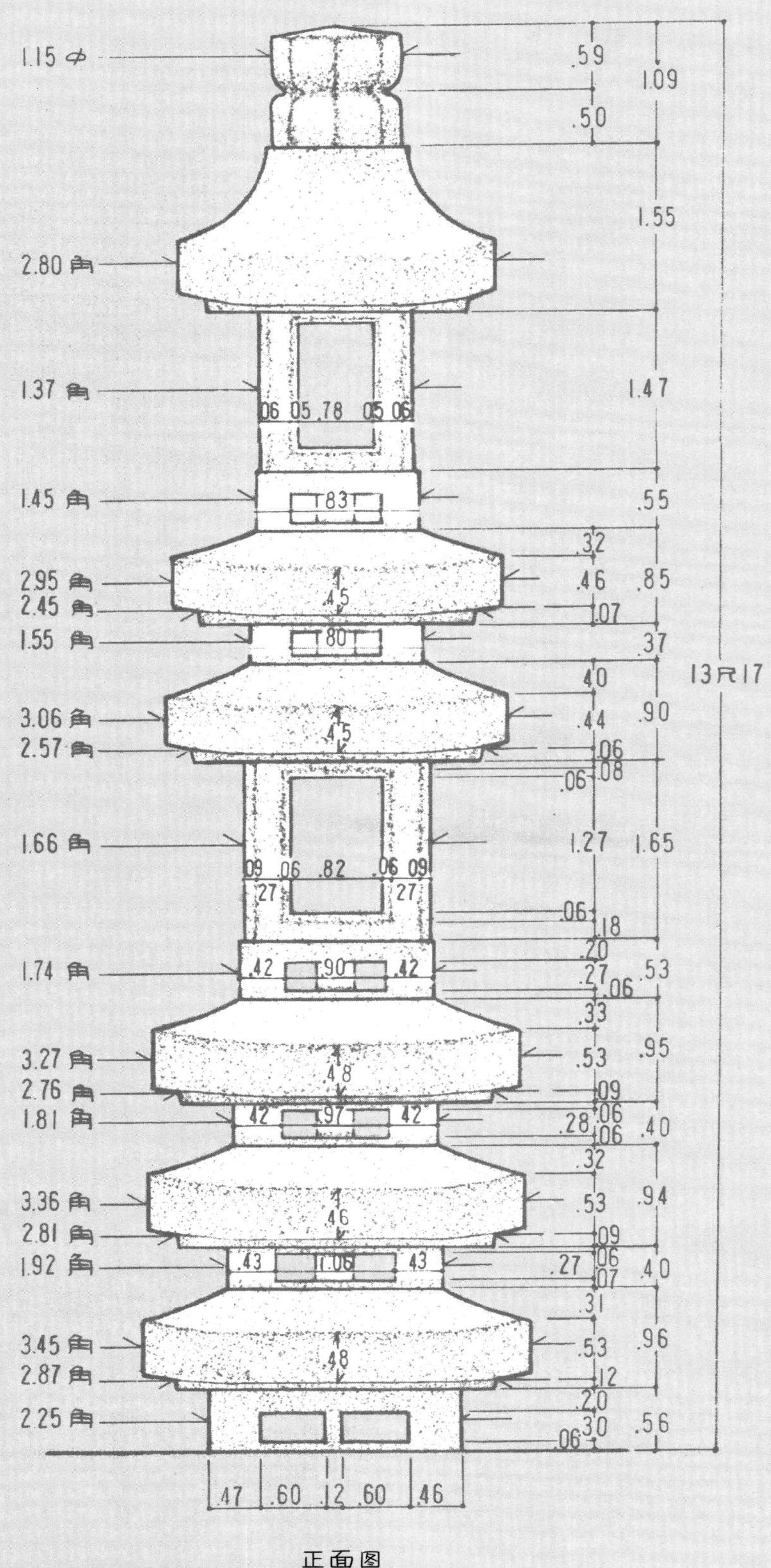

兼六园瓢池 **海石塔细节图** 比例 1:20

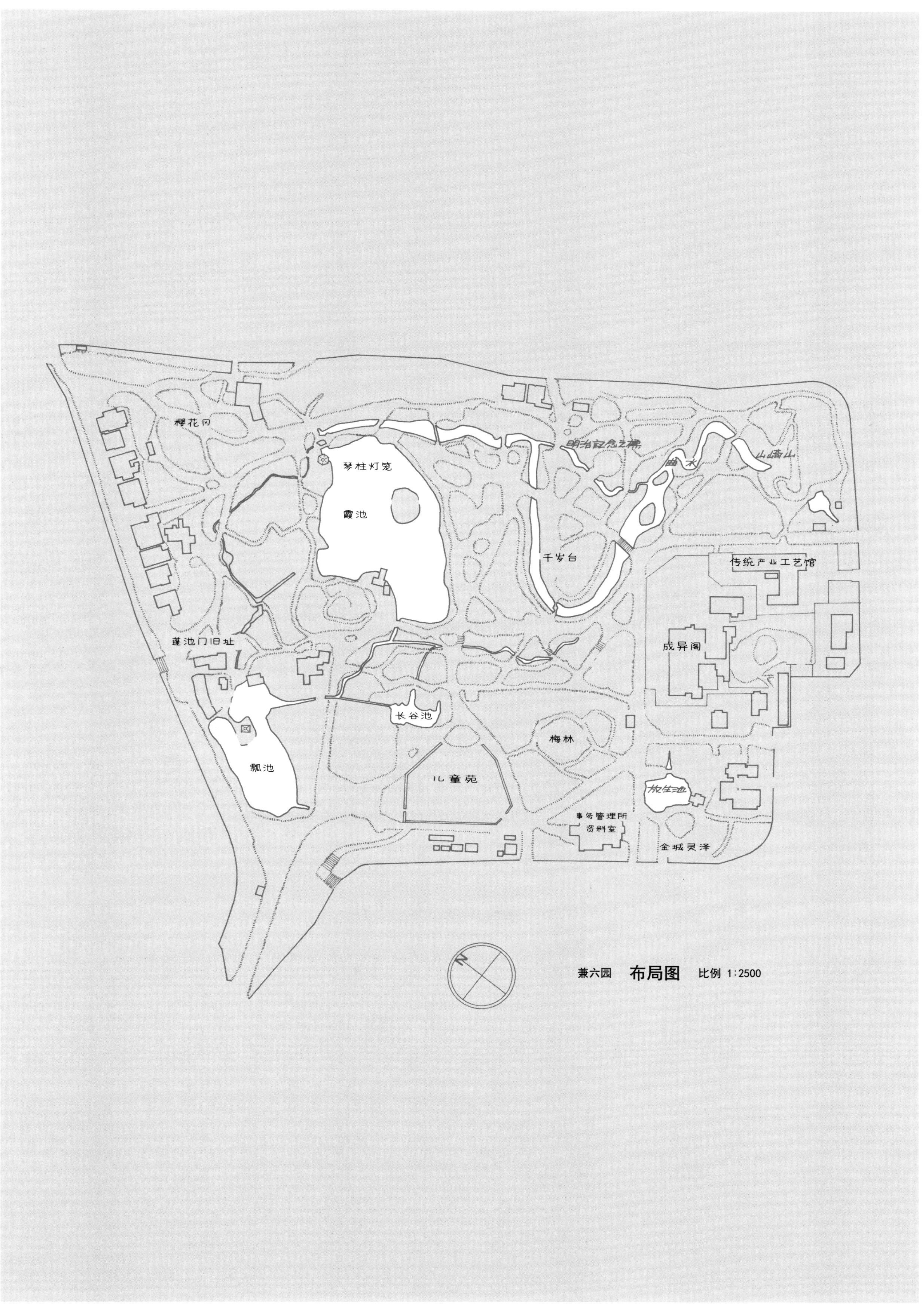

兼六园 **布局图** 比例 1:2500

池畔的灯笼 实测图

北村邸的三角石灯笼

北村邸的台式石灯笼

北村邸中有很多石灯笼的杰作。

三角石灯笼就是其中之一，这是京都右京区大德寺内雪花形石灯笼的形状变化制品，比桂离宫笑意轩前放置的同形状石灯笼要古老。

此石灯笼放置于水池的中央，从珍散莲茶屋小室的边上眺望，净手水钵的曲线和三角雪花形石灯笼的直线在设计理念上形成对照，表现出一种凛然的肃穆感。

水池幢身式石灯笼的灯室借用了由泉砂岩制成的六地藏塔，实际上可以说是非常大胆的有趣制作。放置于六角形的基座上，从发生了风化的外观也能体会到其神秘感。

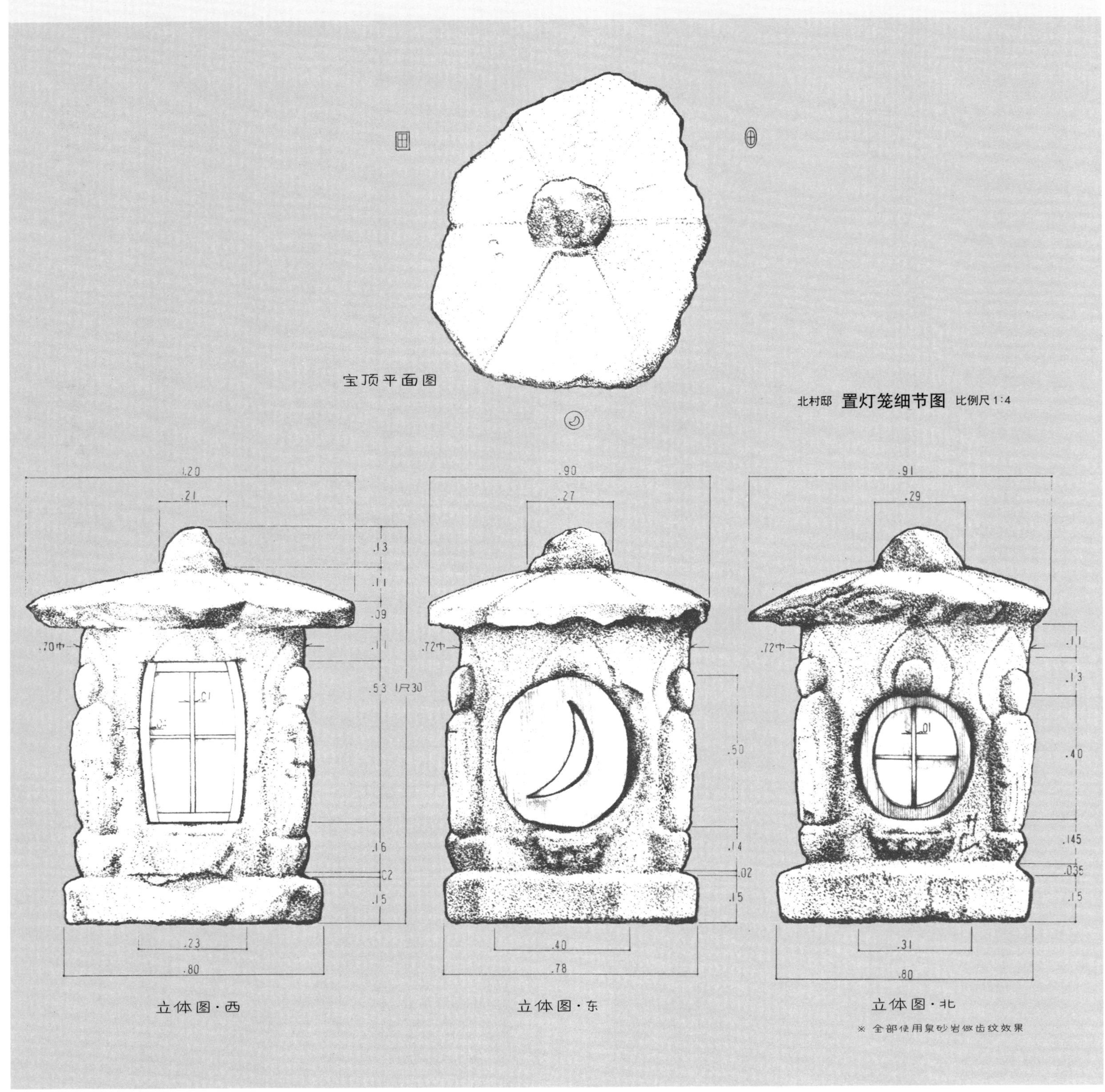

北村邸的三角灯笼 上部东面

北村邸的三角灯笼 正面

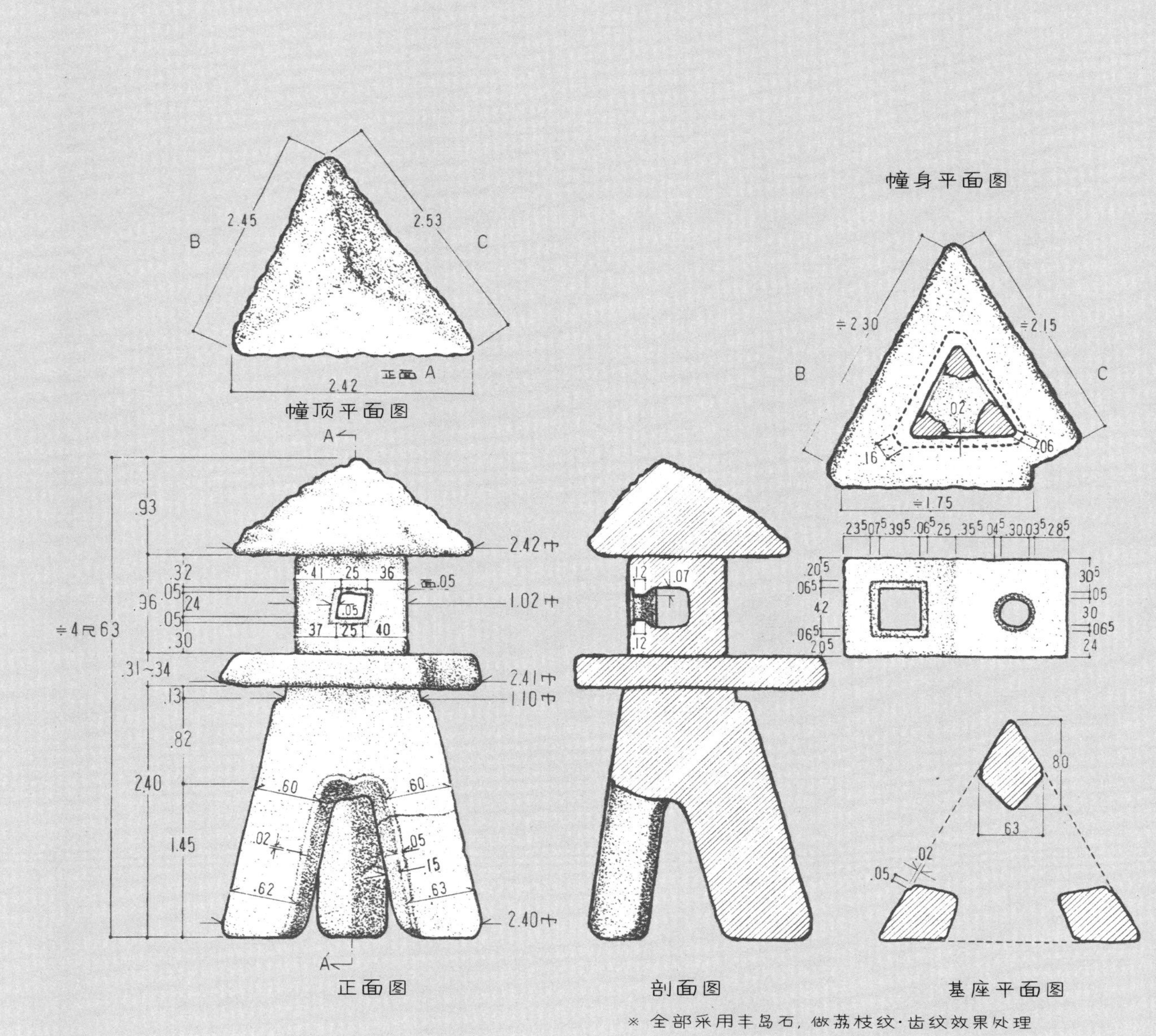

北村邸 三角灯笼细节图 比例尺1:15

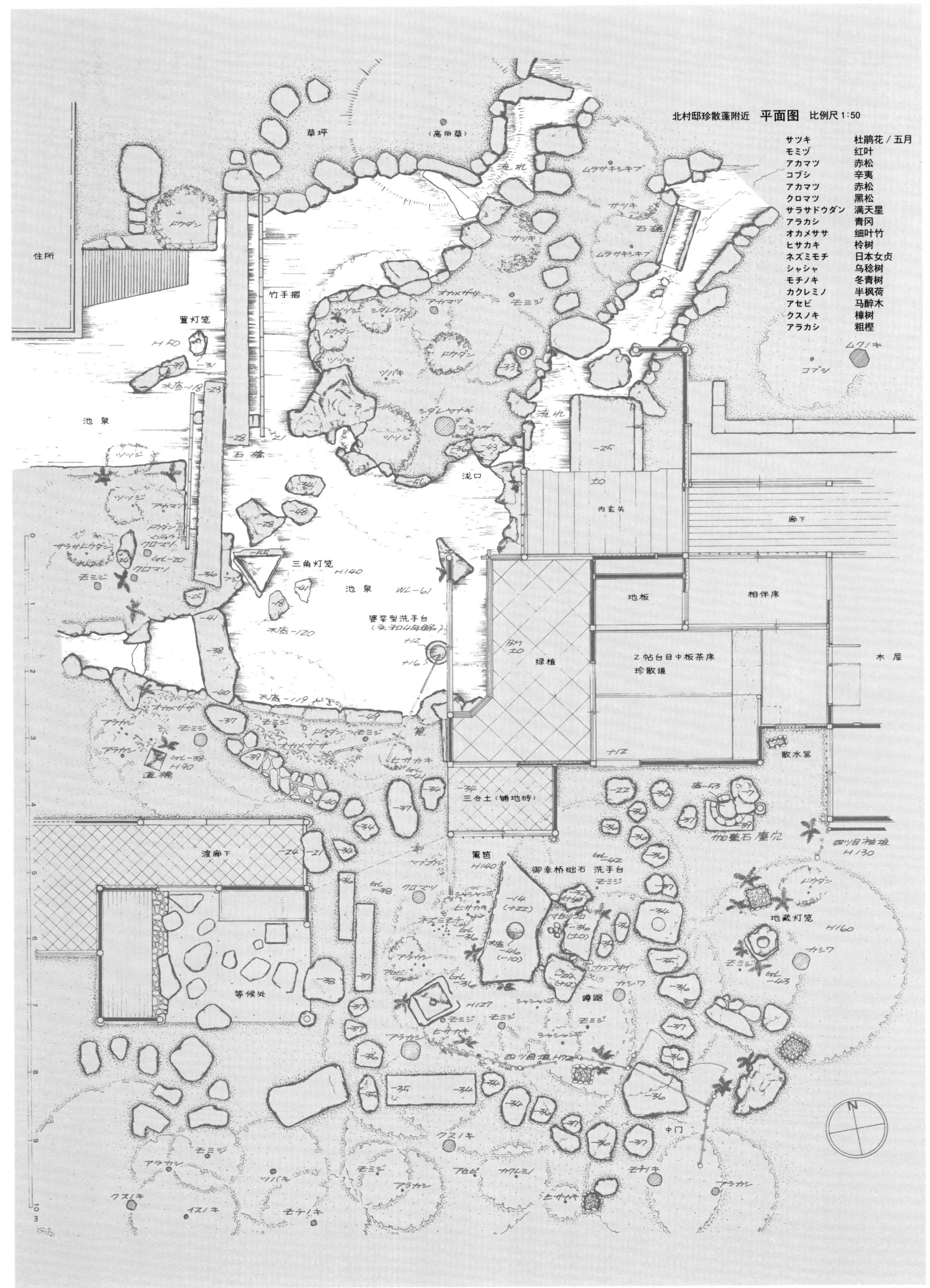

北村邸珍散蓬附近 平面图 比例尺1:50
サツキ 杜鹃花／五月
モミヅ 红叶
アカマツ 赤松
コブシ 辛夷
アカマツ 赤松
クロマツ 黑松
サラサドウダン 满天星
アラカシ 青冈
オカメササ 细叶竹
ヒサカキ 柃树
ネズミモチ 日本女贞
シャシャ 乌稔树
モチノキ 冬青树
カクレミノ 半枫荷
アセビ 马醉木
クスノキ 樟树
アラカシ 粗樫
住所
草坪
竹手摺
置灯笼
池泉
石桥
泷口
内玄关
廊下
三角灯笼
地板
相伴席
绿植
Z帖台目中板茶席
珍散道
木屋
散水沟
三合土（铺地砖）
渡廊下
篱笆
御幸桥础石 洗手台
地藏灯笼
等候处
蹲踞
中门

池畔的灯笼 实测图

金地院的织部灯笼

金地院从建筑物到庭院，全部由小堀远州修筑而成。建筑物和庭院之间经过精密计算，没有丝毫缝隙。东照宫内摆放巨大的礼拜石，在左右摆放相对而视的龟和鹤，稍远处是蓬莱岛，织部灯笼就摆放在岛上，作为岛上的照明工具。

孤篷庵的六角灯笼
孤篷庵的雪见灯笼
孤篷庵的圆形十五重塔

小堀远州修筑的绝大部分庭院都是由巍峨的石头组合而成的，具有十分强大的力量。其中只有这座庭院不是由石头组合而成的，很难看出此景观是由远州修筑而成。但是，实际上这是远州将其作为自家庭院来修筑的庭院，因此庭院的构造引发了众多讨论。

本庭院内摆放的十八座石器制品全部都是根据远州的喜好和手法来设计的。织部灯笼、雪见灯笼、六角灯笼、十五重塔等，通过分析其形状和摆放方式能够明白远州的基本构成。

直入轩前的六角灯笼有意识地将蕨手设计在顶盖上，很好地将周围景色融为一体。雪见灯笼摆放在树篱的阴影下，如果从房间内向外眺望，这景色一定令人心旷神怡。

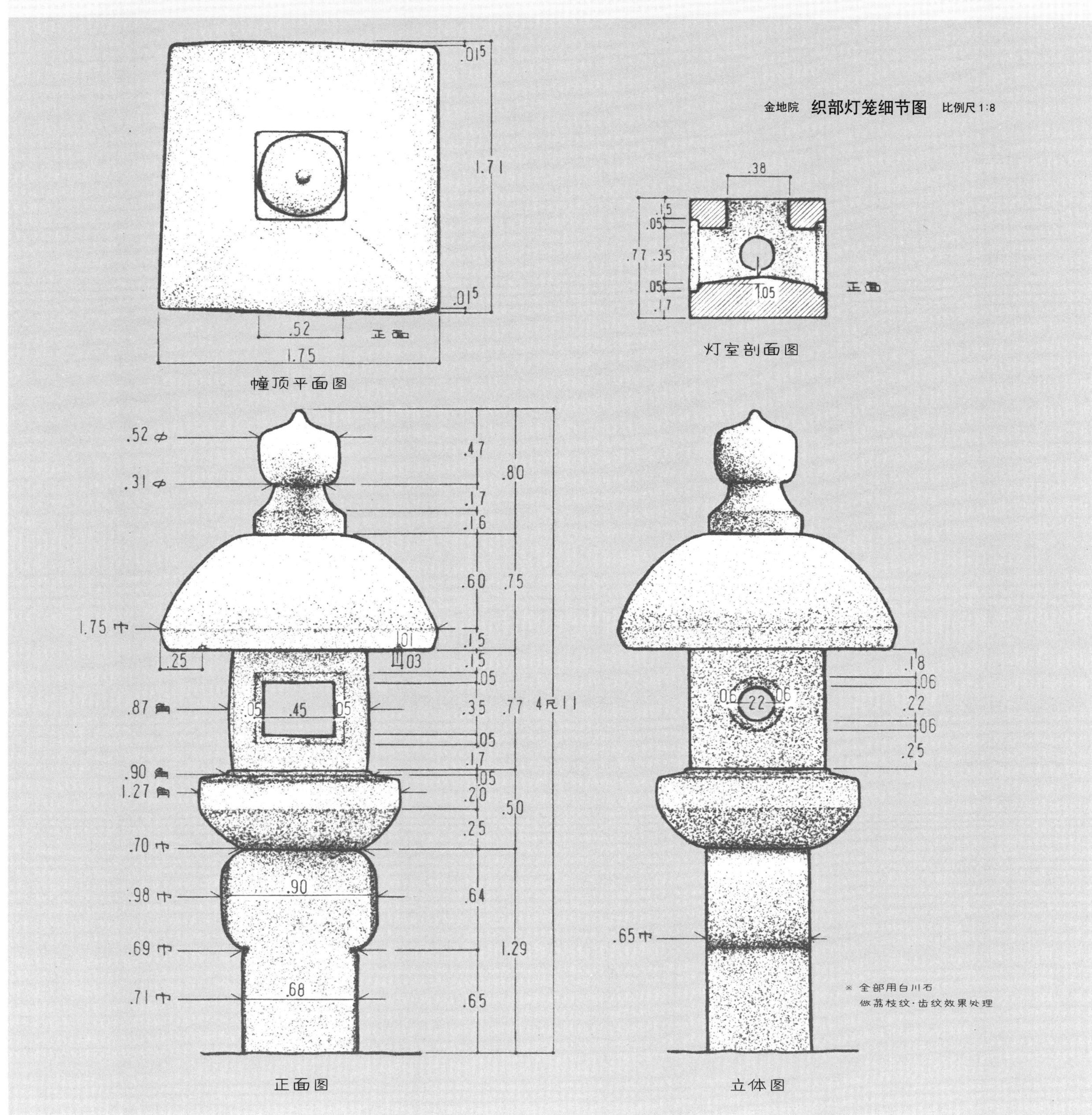

池畔的灯笼 实测图

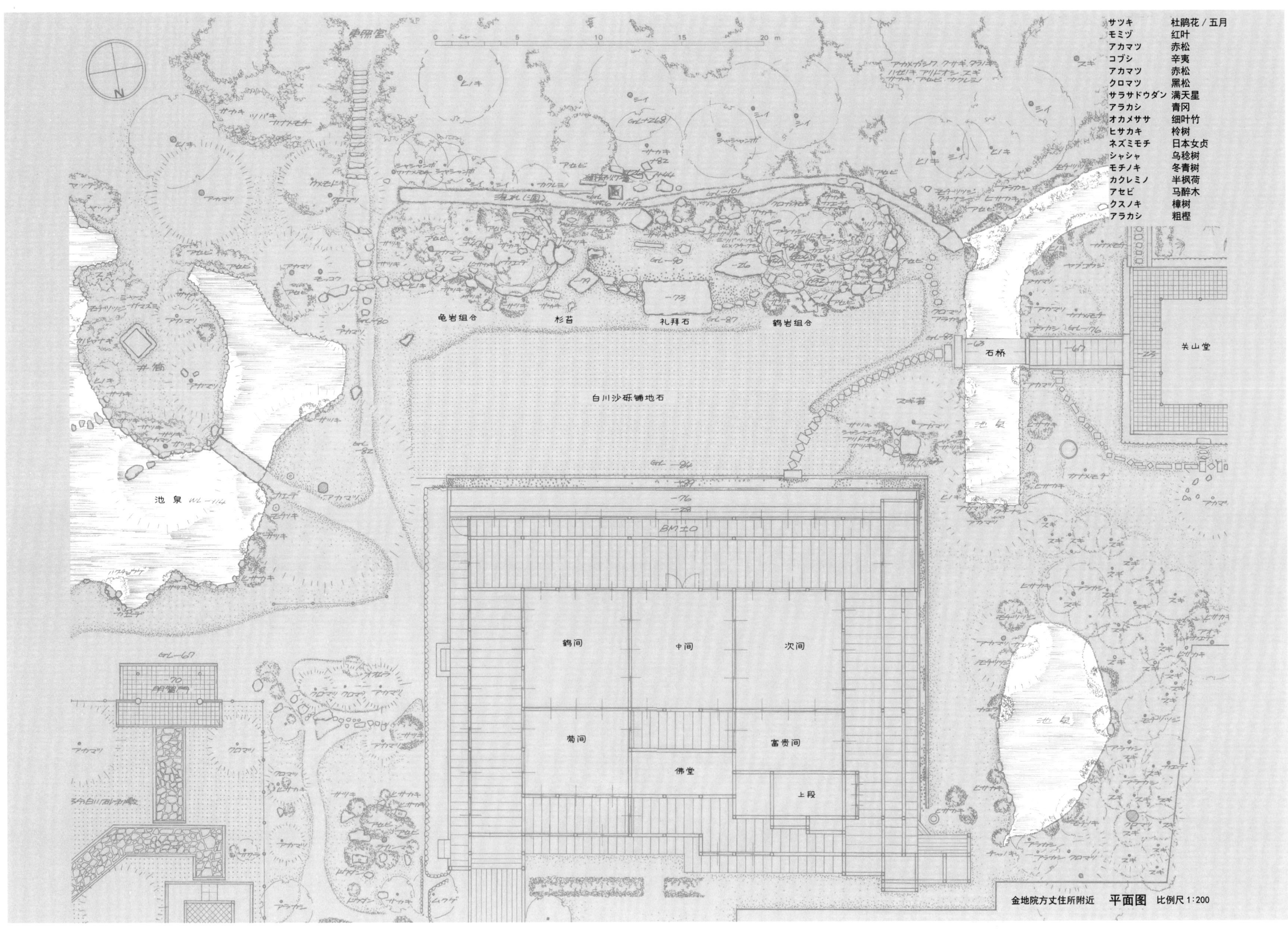

サツキ 杜鹃花／五月
モミジ 红叶
アカマツ 赤松
コブシ 辛夷
アカマツ 赤松
クロマツ 黑松
サラサドウダン 满天星
アラカシ 青冈
オカメササ 细叶竹
ヒサカキ 柃树
ネズミモチ 日本女贞
シャシャ 乌稔树
モチノキ 冬青树
カクレミノ 半枫荷
アセビ 马醉木
クスノキ 樟树
アラカシ 粗樫
龟岩组合
杉苔
礼拜石
鹤岩组合
石桥
开山堂
白川沙砾铺地石
池泉
鹤间
中间
次间
菊间
富贵间
佛堂
上段
金地院方丈住所附近 平面图 比例尺1:200

池畔的灯笼 实测图

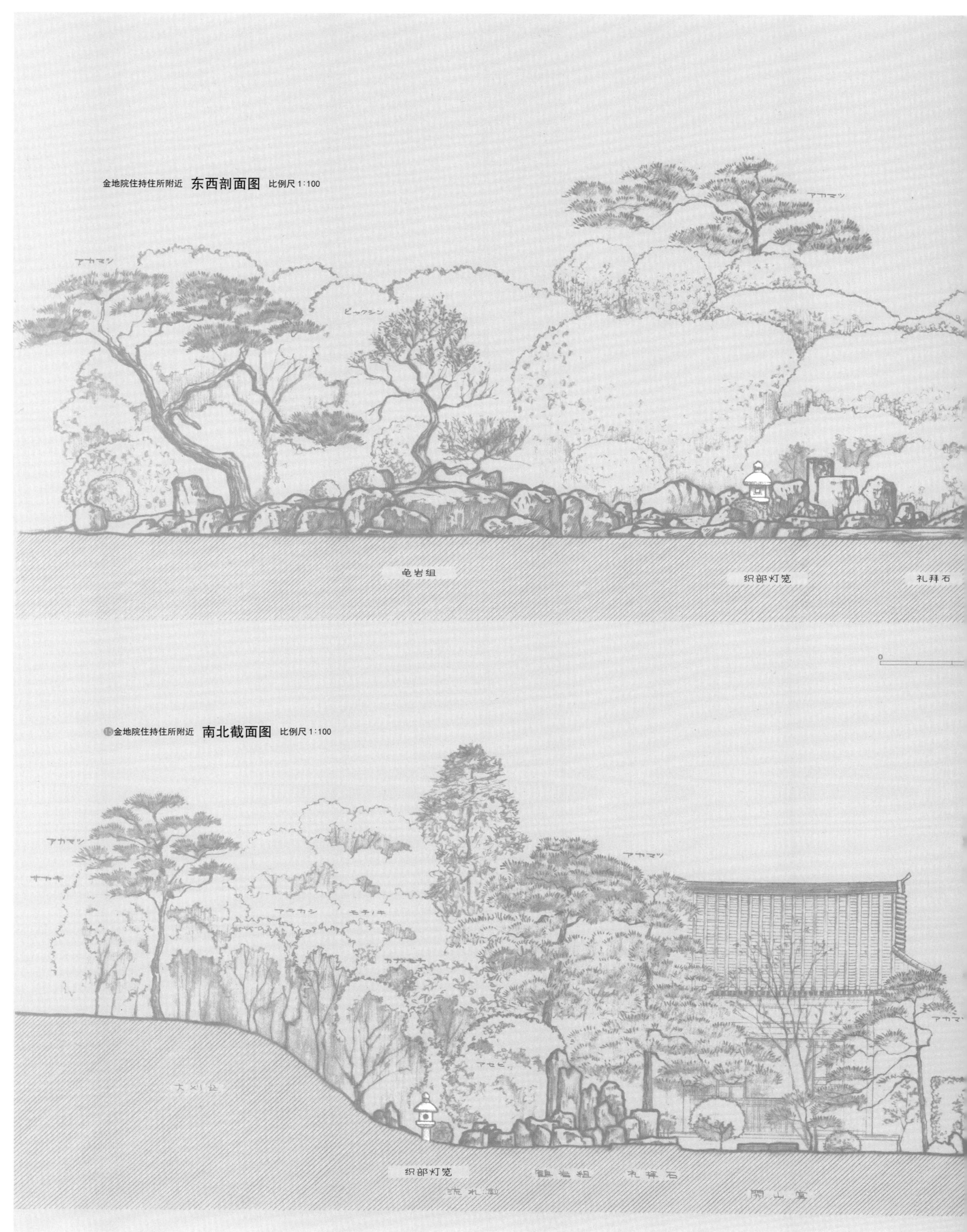
金地院住持住所附近 东西剖面图 比例尺 1:100
アカマツ
ビャクシン
アカマツ
龟岩组
织部灯笼
礼拜石
金地院住持住所附近 南北截面图 比例尺 1:100
アカマツ
アカマツ
アセビ
织部灯笼

池畔的灯笼 实测图

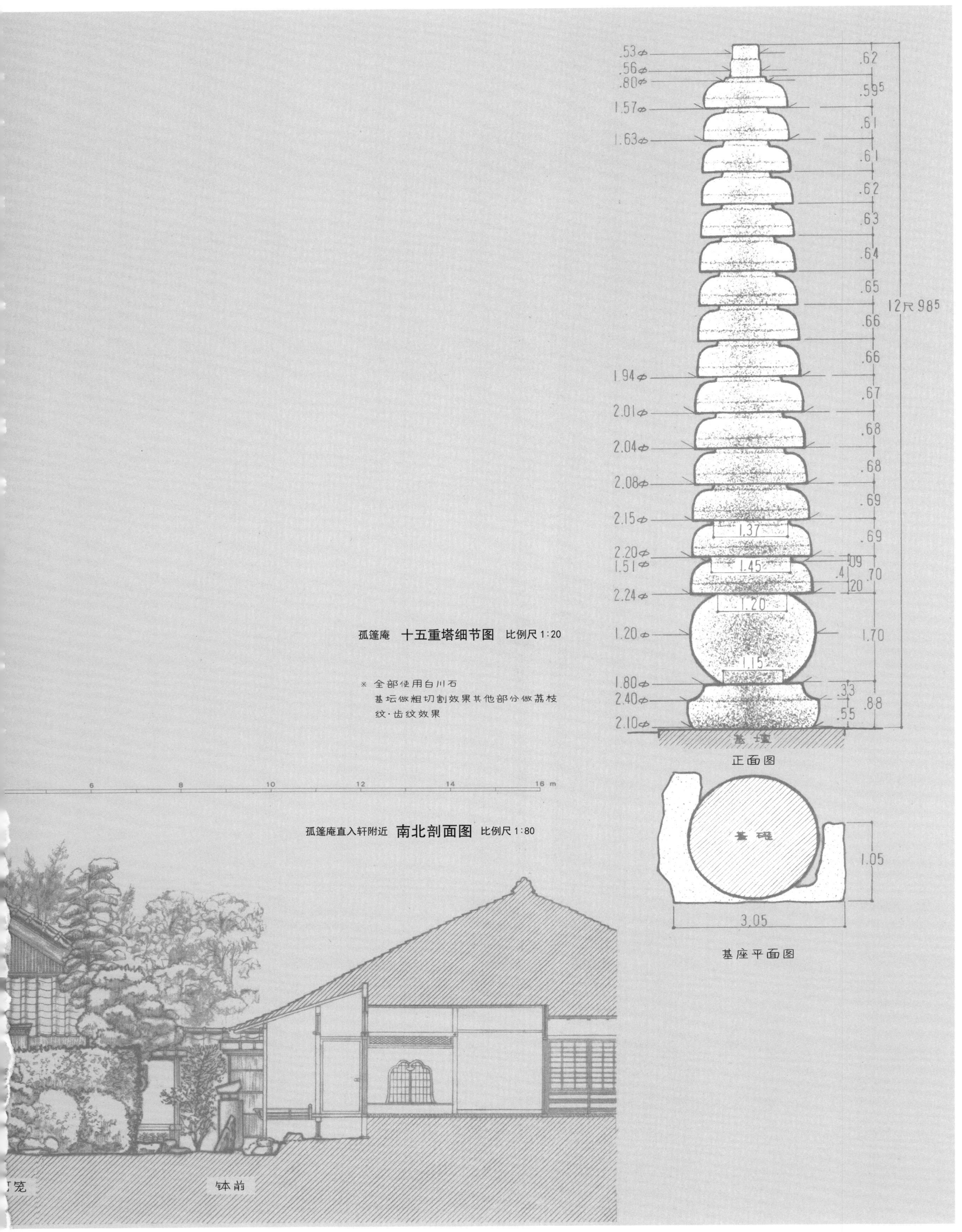
孤篷庵 十五重塔细节图 比例尺 1:20
※ 全部使用白川石
基坛做粗切割效果其他部分做荔枝纹·齿纹效果
正面图
基座平面图
孤篷庵直入轩附近 南北剖面图 比例尺 1:80
钵前

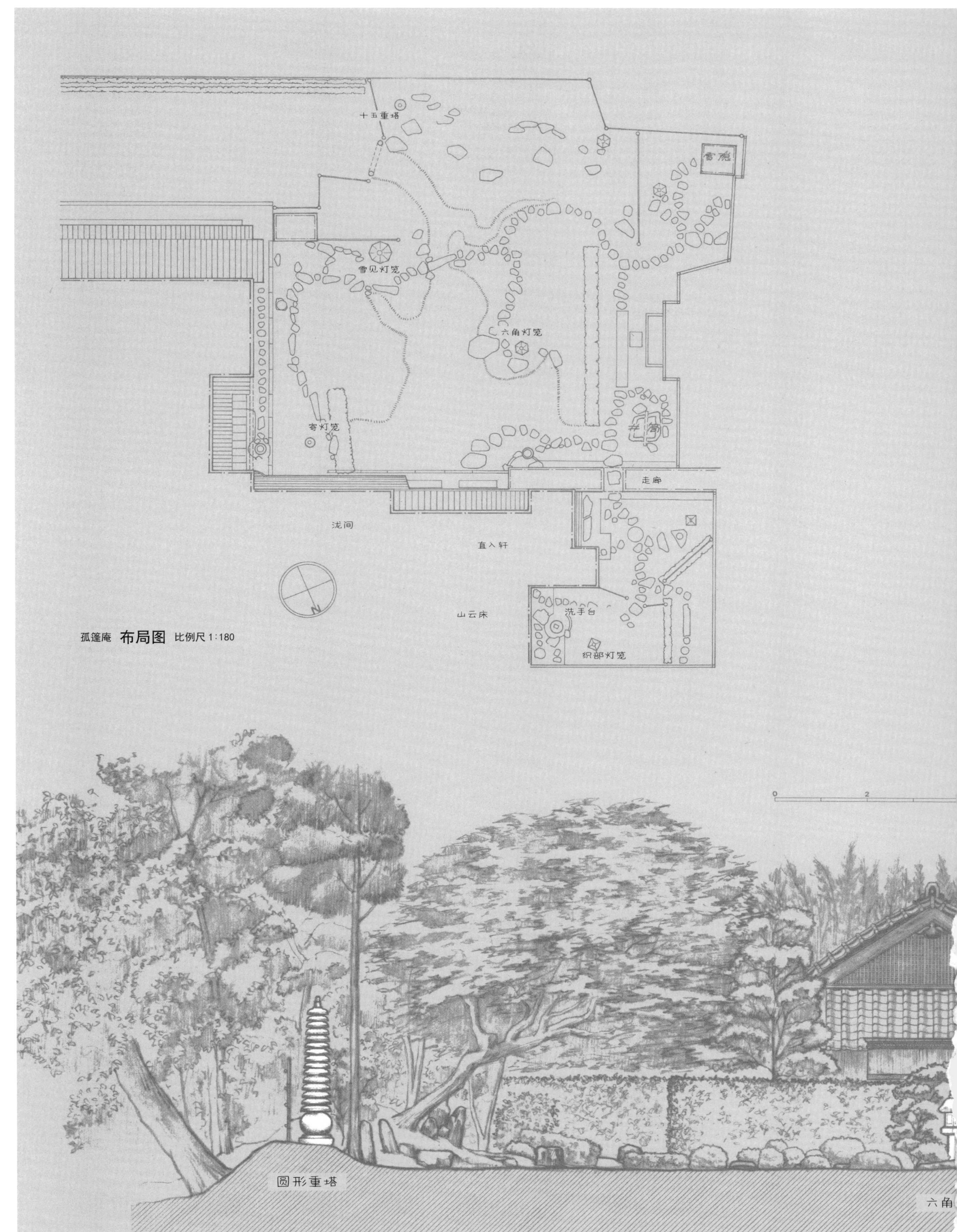

孤篷庵 **布局图** 比例尺 1:180

池畔的灯笼 实测图

アカマツ
鶴岩組
5
10
15
20 m
カナメモチ
床
廊 下
次の間
上段の間

孤篷庵 **六角灯笼细节图** 比例尺 1:10

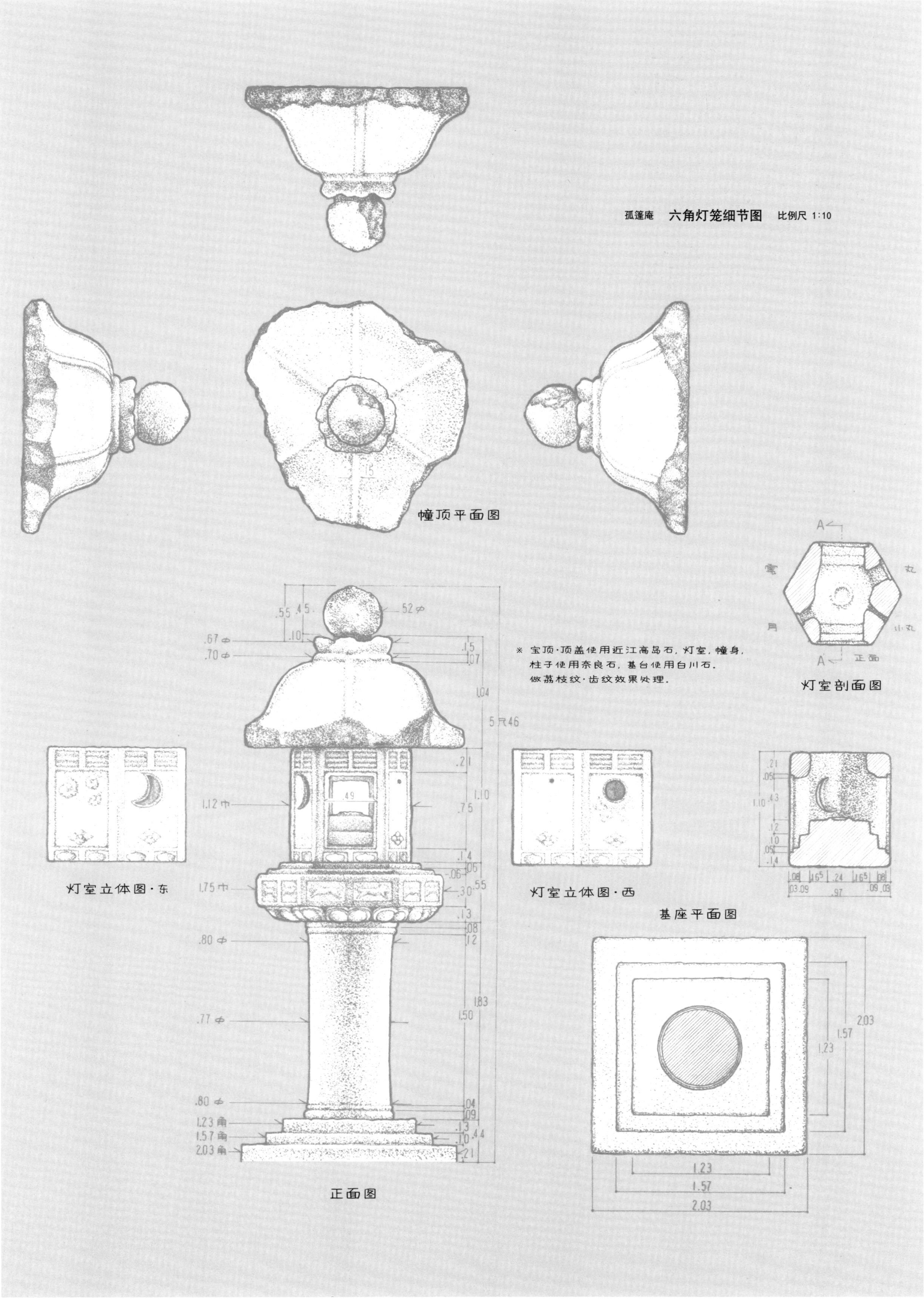

幢顶平面图

※ 宝顶·顶盖使用近江高岛石，灯室，幢身，柱子使用奈良石，基台使用白川石，做荔枝纹·齿纹效果处理。

灯室剖面图

灯室立体图·东

灯室立体图·西

基座平面图

正面图

池畔的灯笼 实测图

真如院枯流旁的瓜实灯笼 整体图

真如院枯流旁的瓜实灯笼

无缝塔作为禅僧的墓，塔身的灯室上有一个十分显眼的孔，根据这个造型将其命名为瓜实灯笼。瓜实灯笼作为庭院内的装饰，搭配着代表庭院特点的鳞纹斜坡，相辅相成。

据说这个庭院是织田信长为了足利义昭将军而建造的。

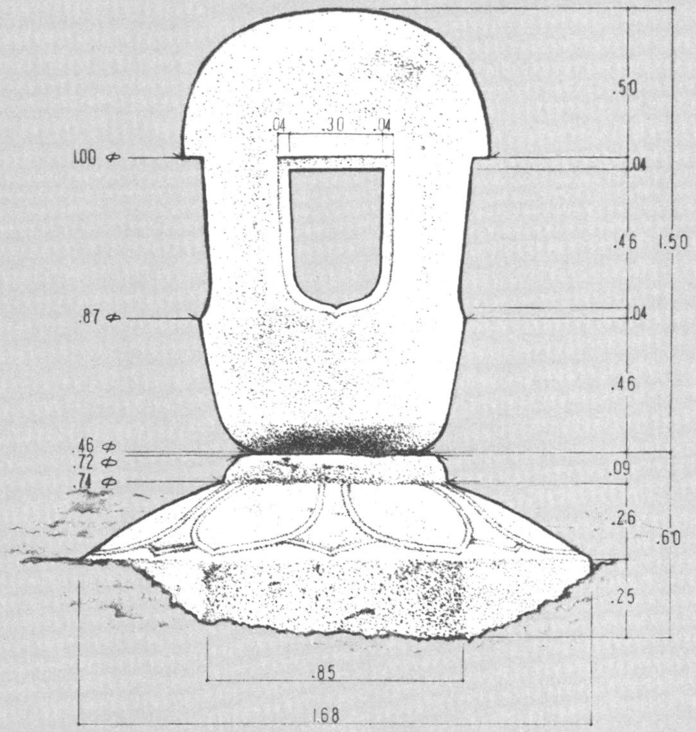

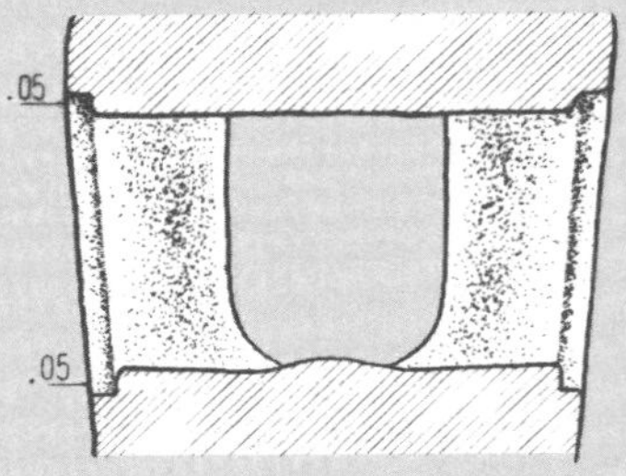

灯室剖面图

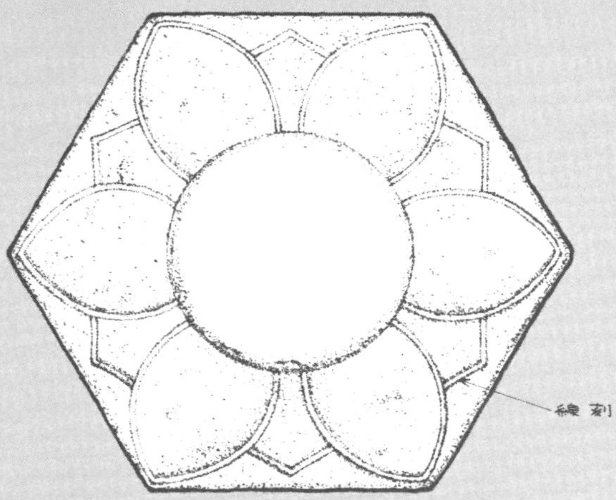

正面图

真如院枯流旁　**瓜实灯笼细节图**　比例尺 1:6

基座平面图

位于筑山上的石灯笼，并非是为了照明，其主要的用途是体现山峰的景观，因此塔式石灯笼有很多。

筑山上所设置的石灯笼，从另一角度来讲，对于山腹地中的瀑布景观起着铺垫的作用。此外，石灯笼还对岩石景观有照明的作用，因此有一些被设置在山中腹地及山脚下。

青莲院的十一重塔

所谓的“××重塔”就是供奉塔，作为庭院中散落景观被利用，是从江户时代开始。但是，当塔被放置于庭院中时，常常会成为景观的中心，吸引人们的视线，甚至超出了石灯笼本身。本庭院就是把塔作为庭院的景观中心，在水池的对面建造了筑山，在山上设置了较高的塔，这种设计非常典型。

塔的第一层采用江州小松石制成，在塔轴的部位刻有梵文，从第三层开始到最上部，采用了白川石石材。

冈山后乐园延养亭前的五重塔石灯笼
冈山后乐园延养亭前的雪花形石灯笼

重塔式石灯笼和雪花形石灯笼制作得非常精细，可以说其构成具有教科书般的意义。

惠林寺的三重塔石灯笼

在雄伟瀑布岩石景观的最上部建造了须弥山岩石景观，三重塔石灯笼作为供奉和照明用而被设置。

但是，一般来说，用于供奉和照明的灯笼，通常会设置在下一部位较低的位置，而此处却有所不同，成为景观的中心。

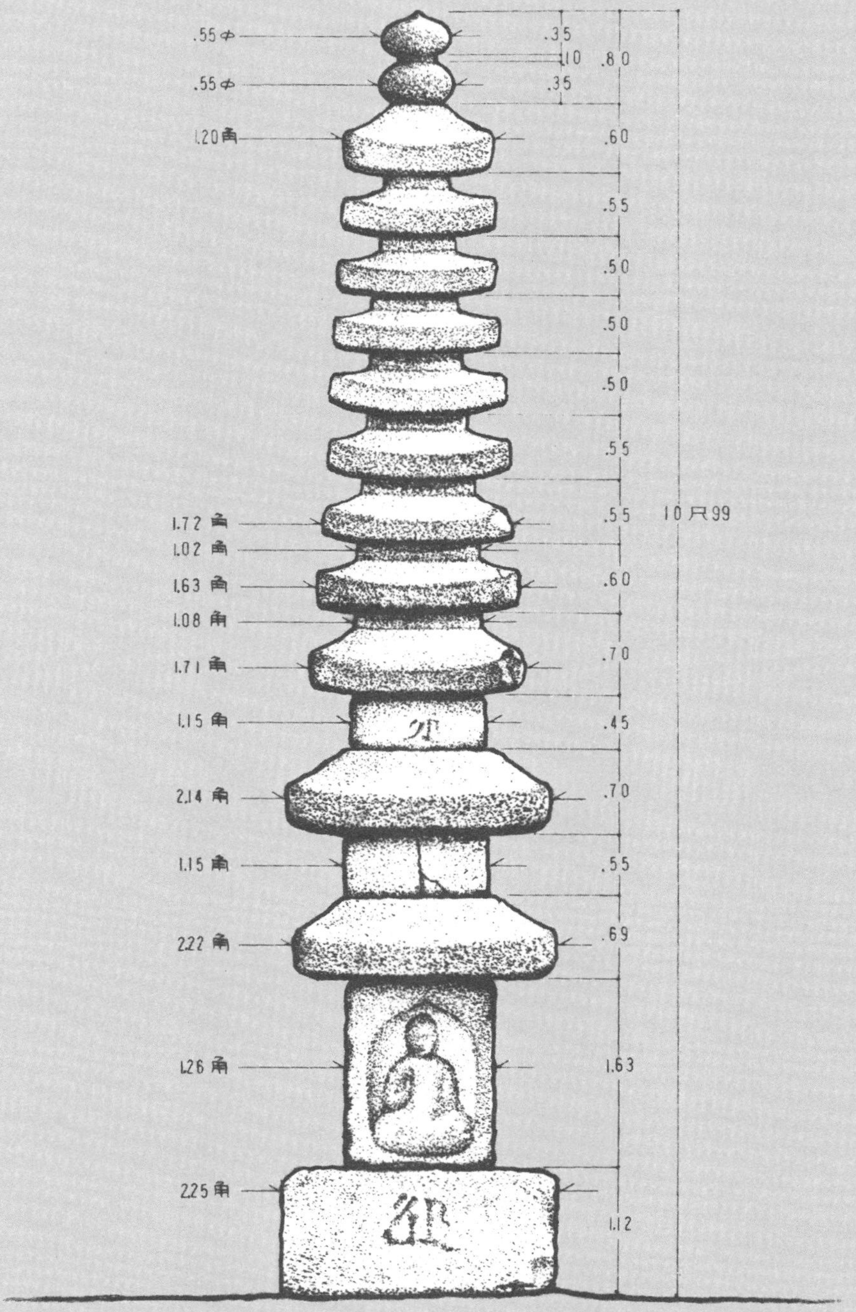

青莲院 十一重塔细节图 比例尺 1:15 正面图

※ 一层和二层之间采用了江州小松石，其它部分采用白川石

筑山上的灯笼 实测图

青莲院 东西剖面图 比例尺 1:100

0 5 10 15 20 m

⑦乐乐园 **东西剖面图** 比例尺 1:100

筑山上的灯笼 实测图

曼殊院的三重塔灯笼 整体图

曼殊院的三重塔灯笼

曼殊院的织部灯笼

曼殊院是桂宫二代智忠亲王的弟弟良尚亲王在明历二年（1656年）从御所附近迁筑至现在的位置，庭院也是当时所建。以主庭院的袋状手水钵为首，汇集了诸多优秀的具有创作价值的石制品。

三重塔灯笼摆放在筑山顶上，将右侧高处石桥的景色体现得更加富有层次。

织部灯笼的火口呈弓形结构，柱子为四方体，是一座具有特色的织部灯笼。

乐乐园的六角灯笼

在灯笼的左侧摆放着枯瀑石组，并且架有石桥。这座灯笼既作为筑山的照明，同时也是石桥的桥灯。

这座灯笼之前并不是在这个位置上，应该是在枯池的前方。像这样的灯笼有时候因为和制作庭院初期的构思出现分歧而被移走，或者会根据构思被引进。

平山邸的主房北面的二重塔灯笼

森邸的主房东南的二重塔灯笼

知览的诸多庭院都是山水画结构，塔灯笼也是这类庭院的主题之一。

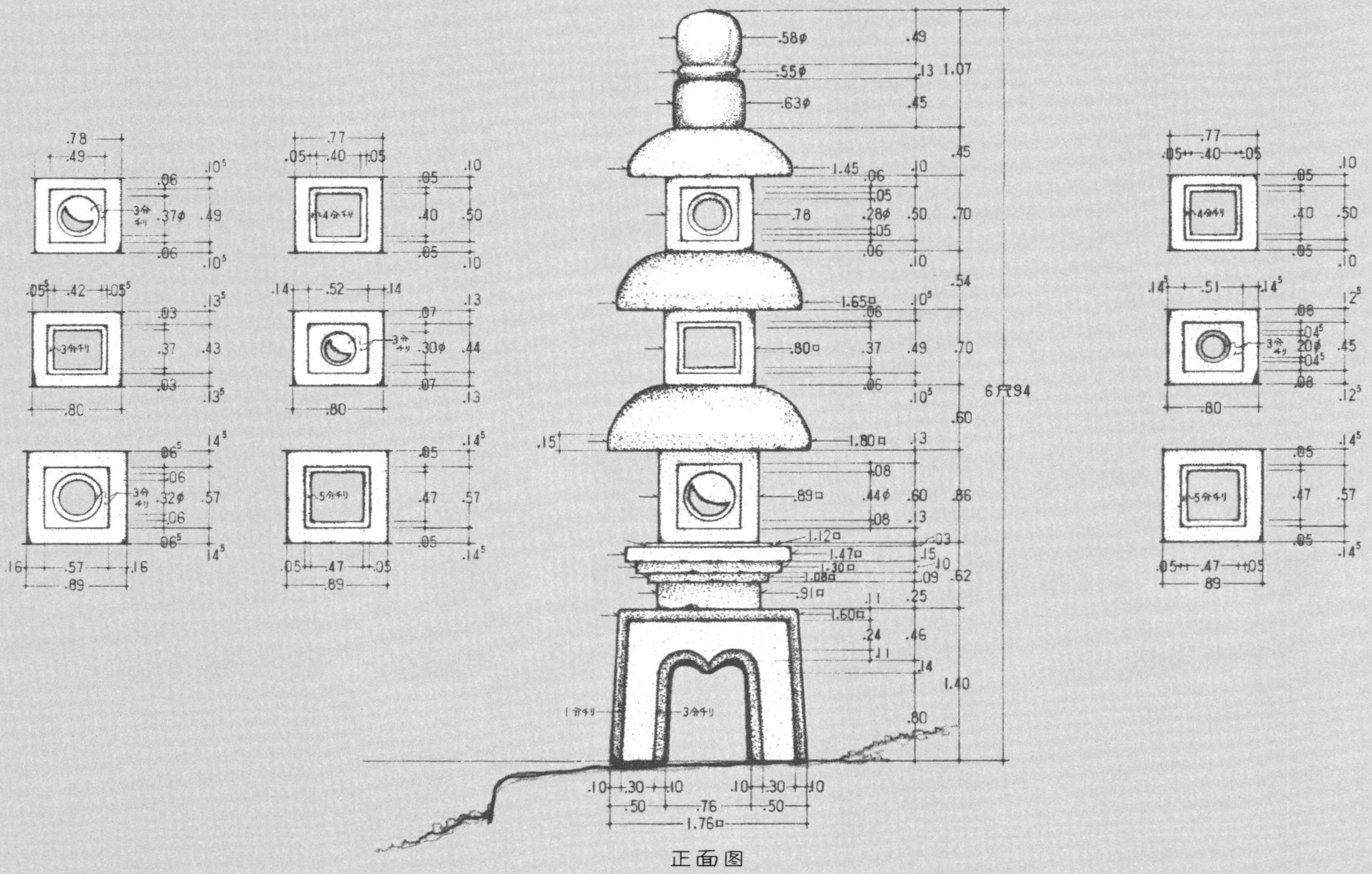

正面图

曼殊院 三重塔灯笼详细图 比例尺 1:15

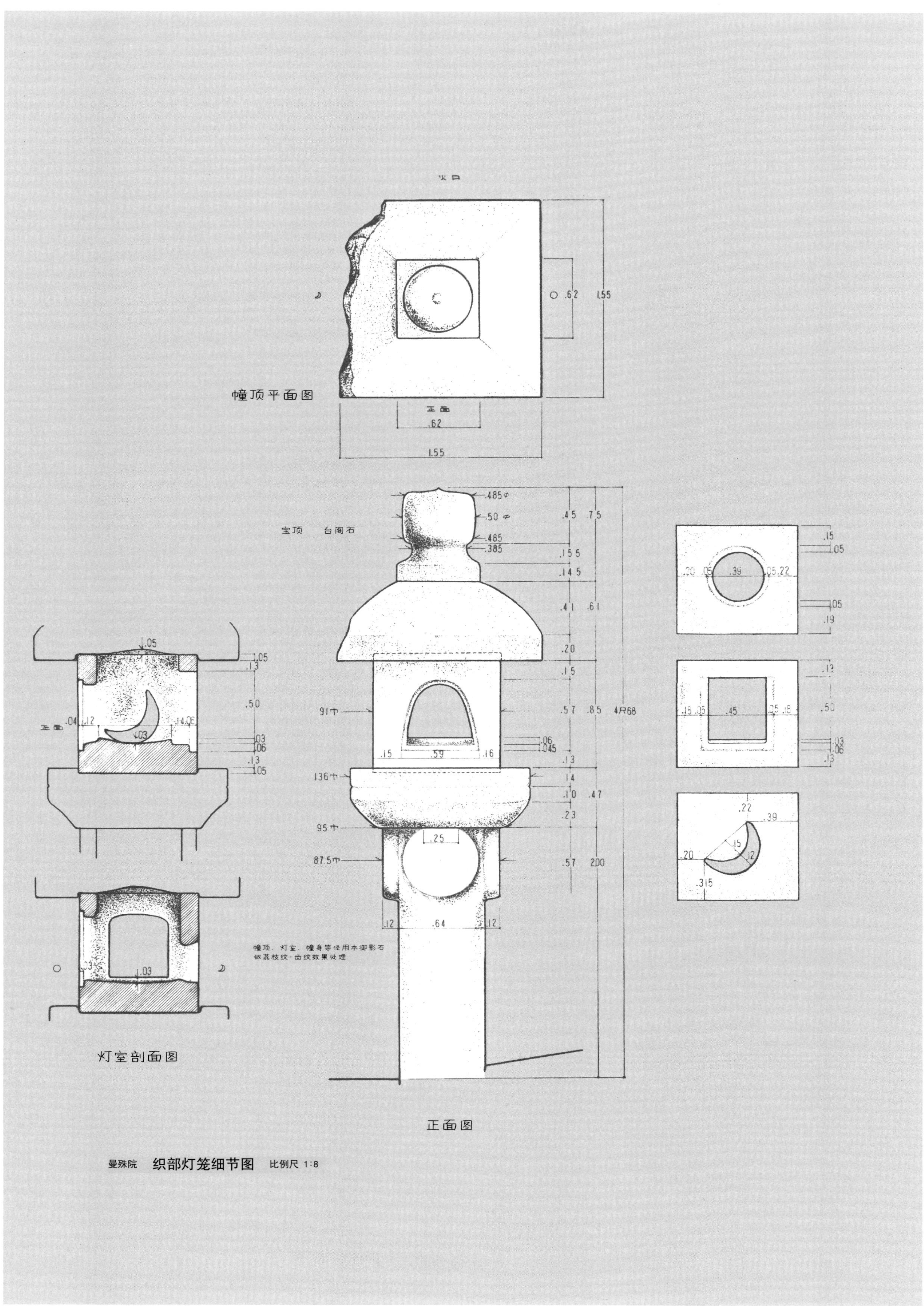

曼殊院 **织部灯笼细节图** 比例尺 1:8

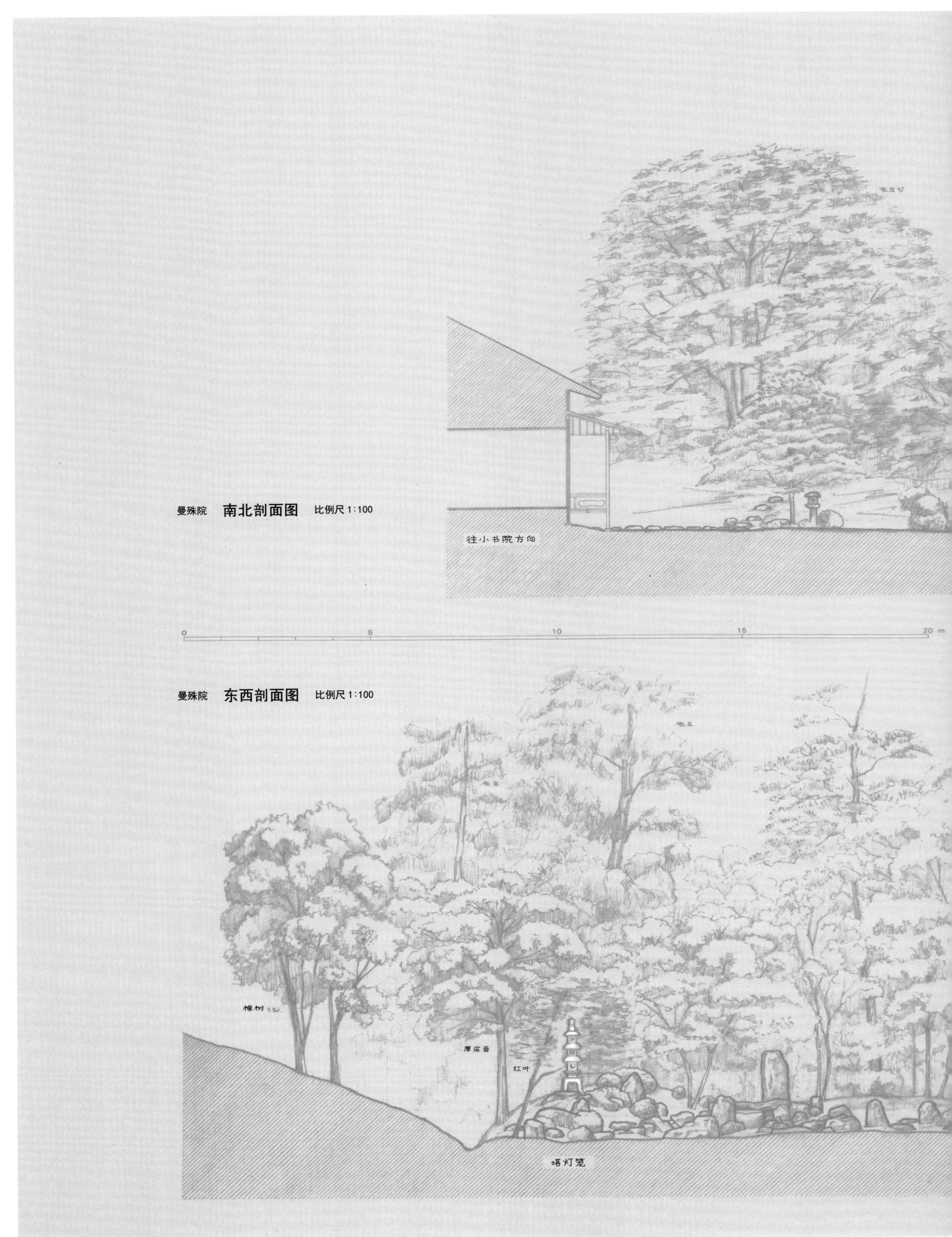
曼殊院 南北剖面图 比例尺1:100
往小书院方向
0
5
10
15
20 m
曼殊院 东西剖面图 比例尺1:100
橡树
厚皮香
红叶
塔灯笼

筑山上的灯笼 实测图

塔灯笼　石桥

石桥　塔灯笼

筑山上的灯笼 实测图

茶庭的灯笼

表千家不审庵的灯笼

上 = 从前方看
下 = 上部

上＝从残月亭前方向看
下＝从内侧等候处方向看
左＝上部

上＝萱门全景
下＝上部

右上 = 从前方看
左上 = 整体图
下 = 幢身

右 = 从等候处方向看
上 = 整体图

武者小路千家的灯笼

上 = 编幢顶门景观
右下 = 从弘道庵轩内方向上看
左下 = 上部

薮内家的灯笼

上 = 从等候处方向上看
下 = 整体图

上 = 景观图
下 = 整体图

堀内家的灯笼

上 = 从茶庭入口方向看
下 = 整体图

左 薮内家的灯笼

上＝景观
下＝灯室

右 堀内家的灯笼

久田家的八角灯笼

上 = 景观
右上 = 灯室
右下 = 柱子

仁和寺的灯笼

上 = 仁和寺的辽廊亭寄灯笼
下 = 仁和寺飞涛亭寸松庵的灯笼

上 对龙山的庄六角灯笼
下 妙喜庵的妙喜庵灯笼

孤篷庵的灯笼

上 = 从忘筌方向上看
左 = 整体图

上・下＝从山云床方向看
右＝整体图

成异阁的六角灯笼

上 = 从清香轩方向看
下 = 柱子

实测图·解说三

日本庭院集成

茶庭的灯笼

表千家萱门旁的六角灯笼 灯室

利休把石灯笼摆放在茶庭，比起石灯笼的形状，灯光能营造出十分奇妙的感觉，触动着人们细微的神经，这才是灯笼的正确使用方法。关于茶庭内的石灯笼，古田织部有着十分明确的主张。

他认为茶庭内灯笼的数量由茶庭的大小来决定，点火窗口的朝向也不用太讲究东西朝向。在这种极度自由的设计理念中，唯独一点设计得不符合他的理想，也就是说在石灯笼的柱子下方有一个石台，织部主张柱子应直接插入土中更好。

灯笼作为晚上聚会等活动的照明工具，营造出极其幽静的世界。但是，此处的灯笼反而在白天时更加显眼，改变了这个本应寂寥的世界。织部认为这是十分不好的设计。

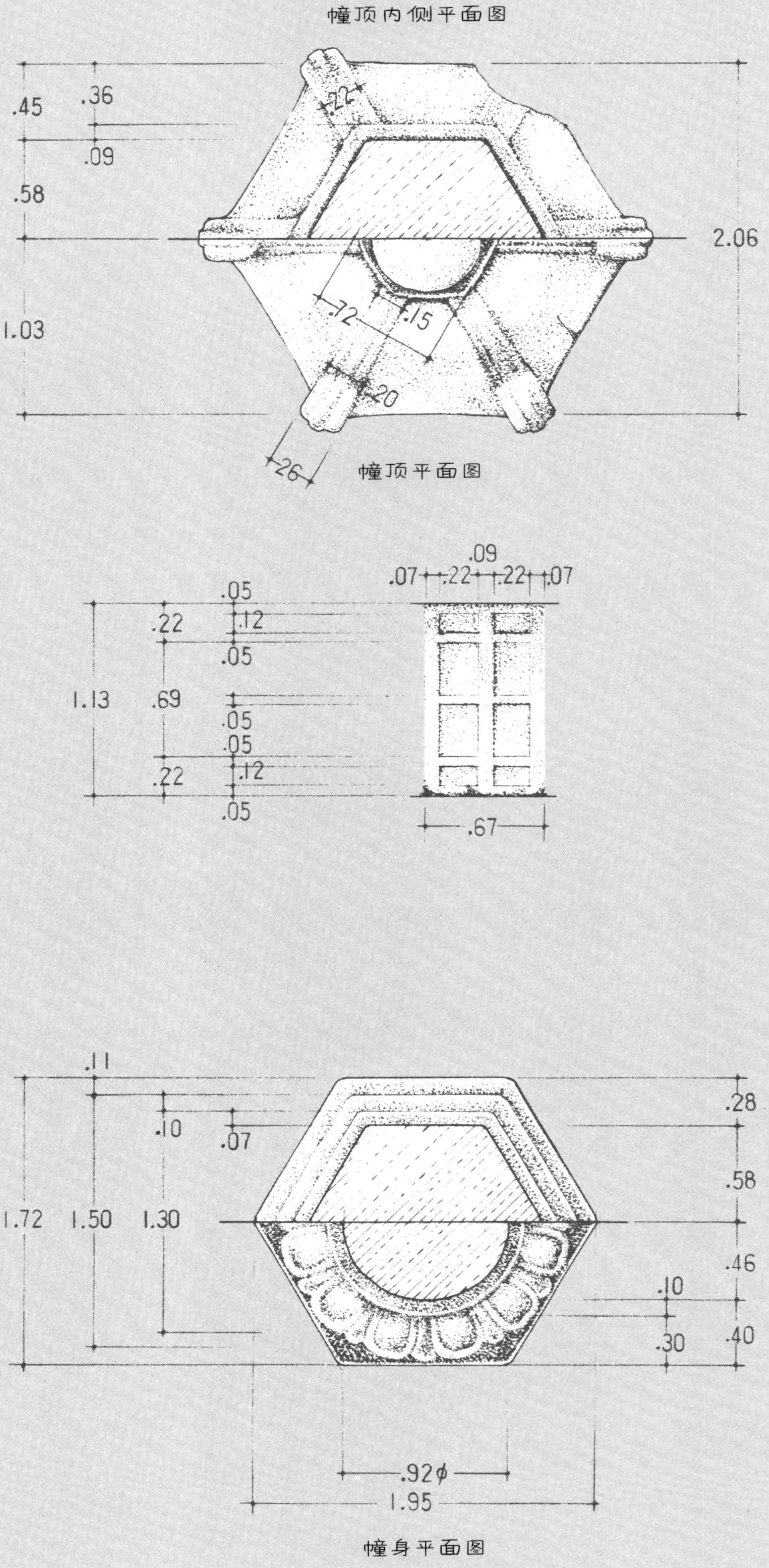

幢顶内侧平面图

幢顶平面图

幢身平面图

表千家中潜旁　六角灯笼细节图　比例尺1:10

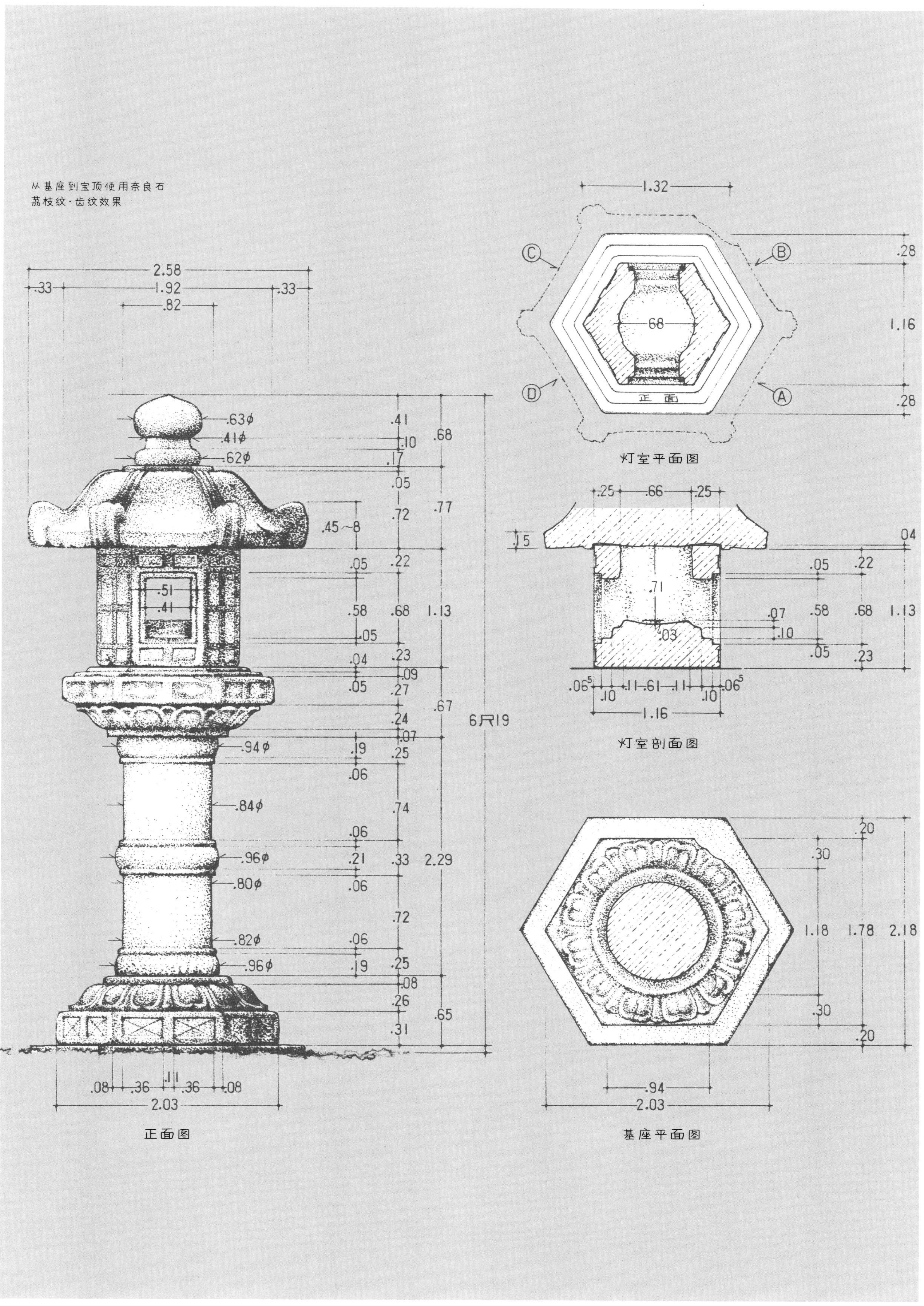
从基座到宝顶使用奈良石
荔枝纹·齿纹效果
2.58
.33
1.92
.33
.82
.63φ
.41φ
.62φ
.41
.10
.17
.68
.05
.72
.77
.45~8
.22
.05
.51
.41
.58
.68
1.13
.05
.04
.23
.09
.05
.27
.67
.24
.07
6尺19
.94φ
.19
.25
.06
.84φ
.74
.06
.96φ
.21
.33
2.29
.80φ
.06
.72
.82φ
.06
.96φ
.19
.25
.08
.26
.65
.31
.08
.36
.11
.36
.08
2.03
正面图
1.32
Ⓒ
Ⓑ
.28
68
1.16
Ⓓ
Ⓐ
正面
.28
灯室平面图
.25
.66
.25
.15
04
.05
.22
.71
.07
.58
.68
1.13
.10
.03
.05
.23
.06⁵
.10
.11
.61
.11
.10
.06⁵
1.16
灯室剖面图
.20
.30
1.18
1.78
2.18
.30
.20
.94
2.03
基座平面图

茶庭的灯笼 实测图

表千家不审庵中潜旁的六角灯笼
表千家不审庵内茶庭的六角灯笼
表千家不审庵萱门旁的六角灯笼

在不审庵的茶庭摆放着三座灯笼。亭亭而立的六角灯笼，用法各不相同。如果在重要场所摆放较大的灯笼，夜晚出行时即便只是手拿蜡烛也能看清前方。设计师可能考虑到这个原因，所以设计了较大的方形点火口。

不仅如此，中潜旁的六角灯笼有2扇和点火口大小一致的圆窗，不审庵内的茶庭六角灯笼在正面右手方向有一扇圆窗。圆窗不仅赋予六角灯笼变化感，同时也具有照明的功能，可谓一举两得的设计。

从无一物东侧走向梅见门、萱门，再从飞石、中潜走向残月亭，六角灯笼不仅作为路上的照明工具，也是标志，点亮各个方向。

穿过梅见门后，可看到不审庵内茶庭的六角灯笼。圆窗朝向内侧的等候处，像是在邀请大家进入不审庵。

萱门旁的六角灯笼是祖堂前苑路的照明工具，穿过扬簀户经过石桥时，灯火的亮光在树荫里摇晃着，让人感受到这股山间风情。

在宽广的地方摆放上灯笼，让人在远处可以感受到这份寂寥，这就是表千家灯笼的表现手法。

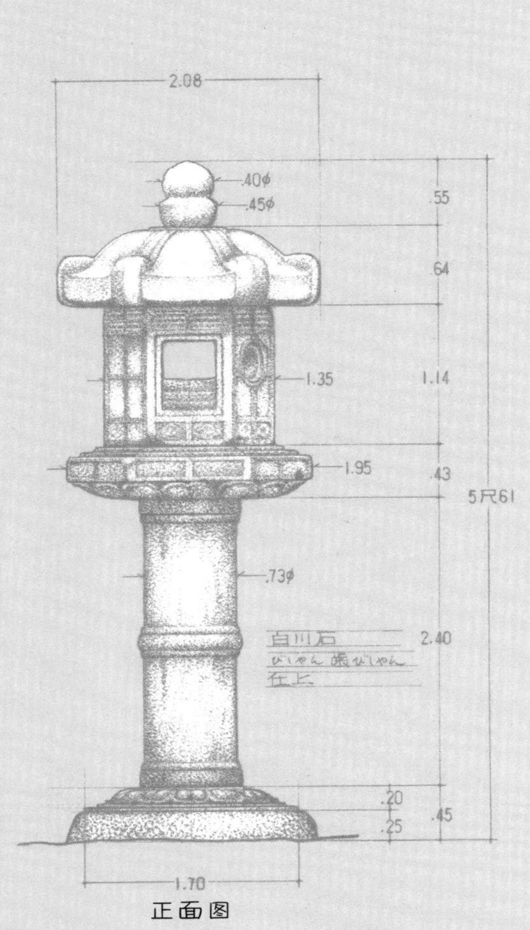

正面图

表千家不审庵内茶庭　**六角灯笼细节图**　比例尺1:15

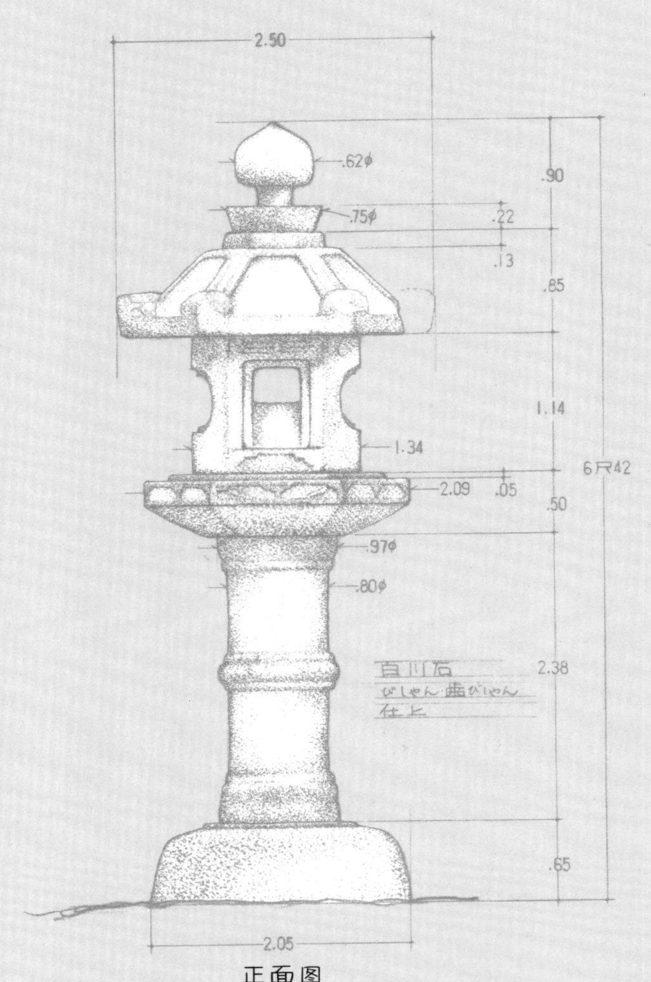

正面图

表千家中潜旁　**六角灯笼细节图**　比例尺1:15

茶庭的灯笼 实测图

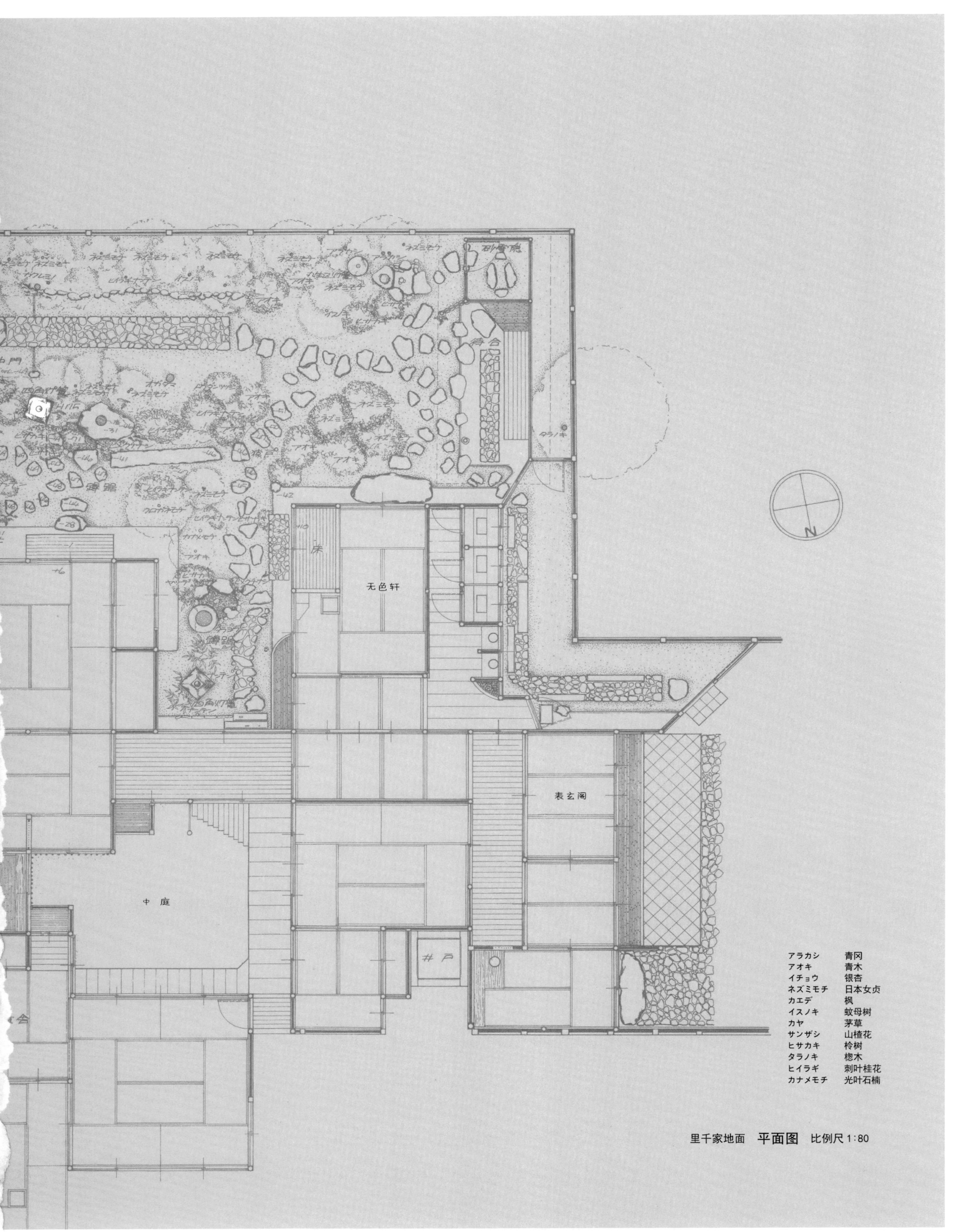

里千家地面 **平面图** 比例尺1:80

茶庭的灯笼 实测图

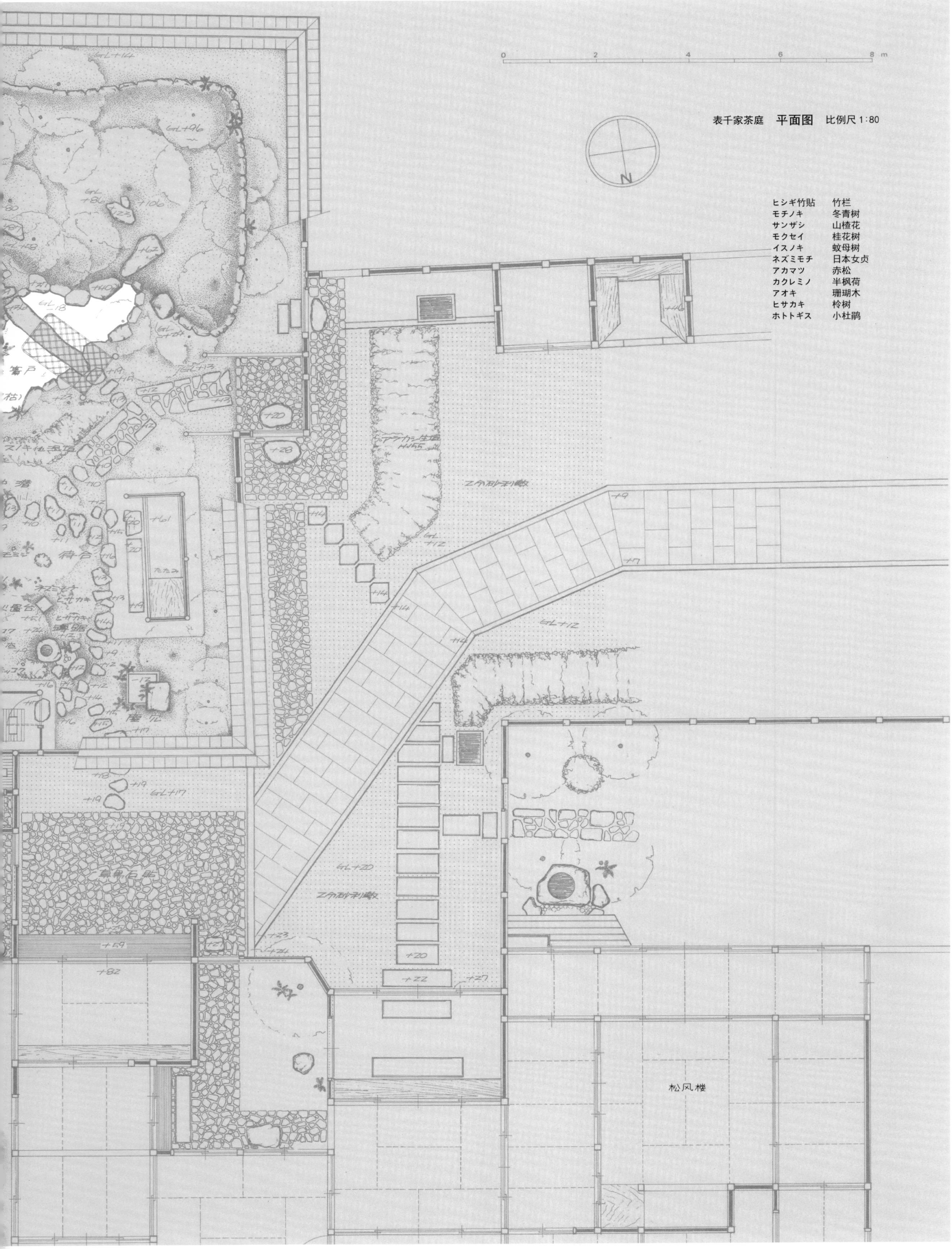

0 2 4 6 8 m

表千家茶庭 **平面图** 比例尺1:80

N

ヒシギ竹貼 竹栏
モチノキ 冬青树
サンザシ 山楂花
モクセイ 桂花树
イスノキ 蚊母树
ネズミモチ 日本女贞
アカマツ 赤松
カクレミノ 半枫荷
アオキ 珊瑚木
ヒサカキ 柃树
ホトトギス 小杜鹃

松风楼

里千家今日庵的西之屋灯笼

里千家今日庵的埋地四角灯笼

在今日庵的庭院，从西侧为无色轩、寒云亭、又隐的茶室，平行着搭建了大炉之间、咄咄斎、利休堂。为了适应各种茶席而摆放的石子小路交错在一起，同时为了表现深层感和深山幽谷的气息而栽培了很多植物。因此里千家与表千家的风格相反，将钵油灯和作为小道照明、路标的灯笼摆放在了各处。

从竹葺门到又隐为止的石子小路右侧有西之屋灯笼。它不仅是作为小道照明以及路标，而且还是一处远景，从设计风格中非常自然地就能感受利休的用心之处。

武者小路 千家环翠园的六角灯笼

武者小路 千家官休庵的六角灯笼

官休庵庭院设有编幢顶门。门边摆放着六角灯笼。在有限的内庭院空间将如此庞大的灯笼摆设在门边，更加体现出设计师的匠心。

这里的环翠园和半宝庵夹着走廊。在环翠园的东侧，枯流旁摆放着六角灯笼。这座灯笼除了幢身使用了奈良石，其他部位都使用了白川石，是将功能与景色完美结合的典范。

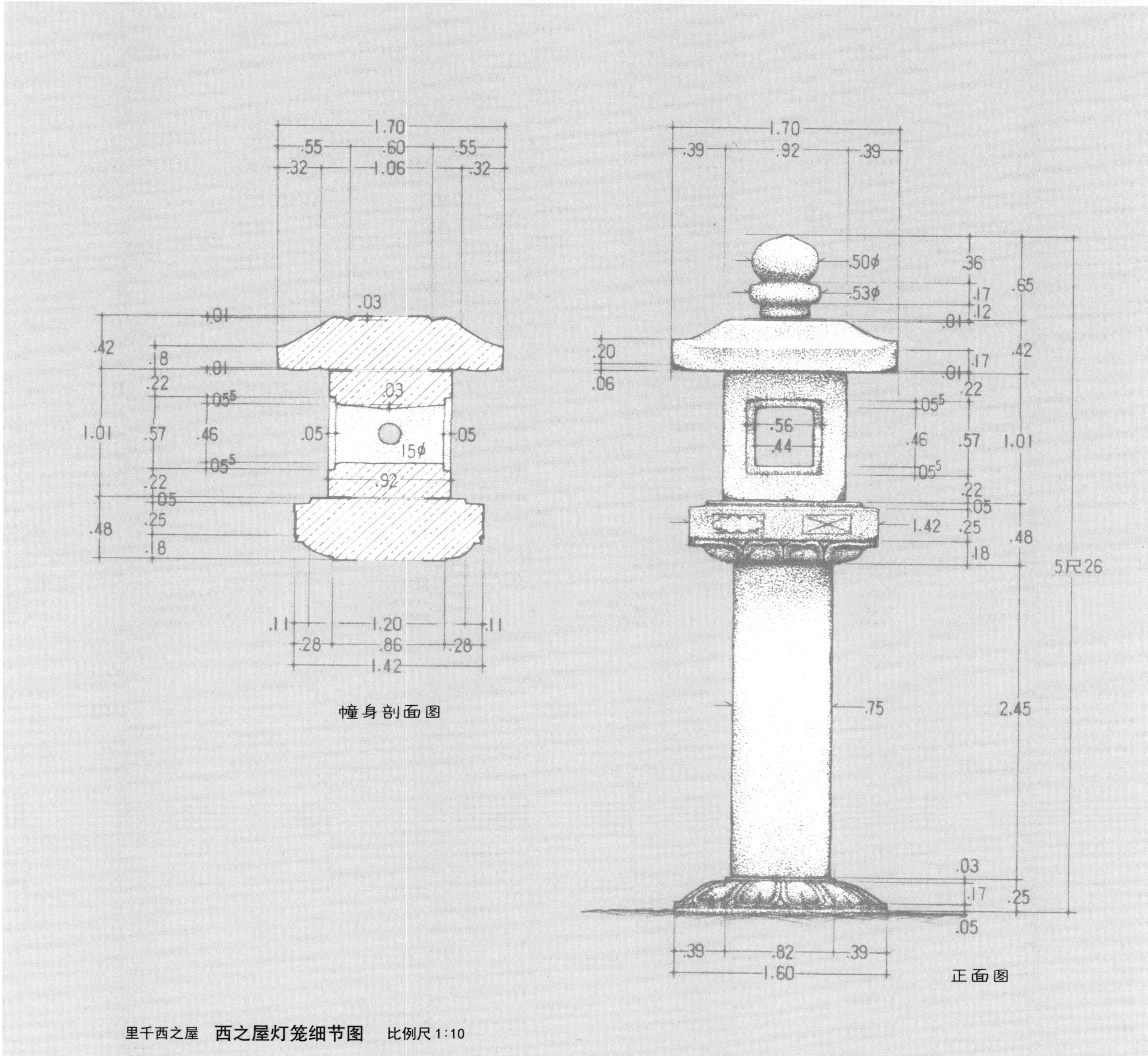

里千西之屋 **西之屋灯笼细节图** 比例尺1:10

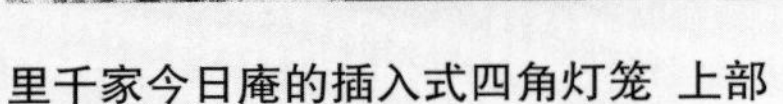

里千家今日庵的插入式四角灯笼 上部

里千家今日庵的西之屋灯笼 幢身

里千家今日庵的西之屋灯笼 上部

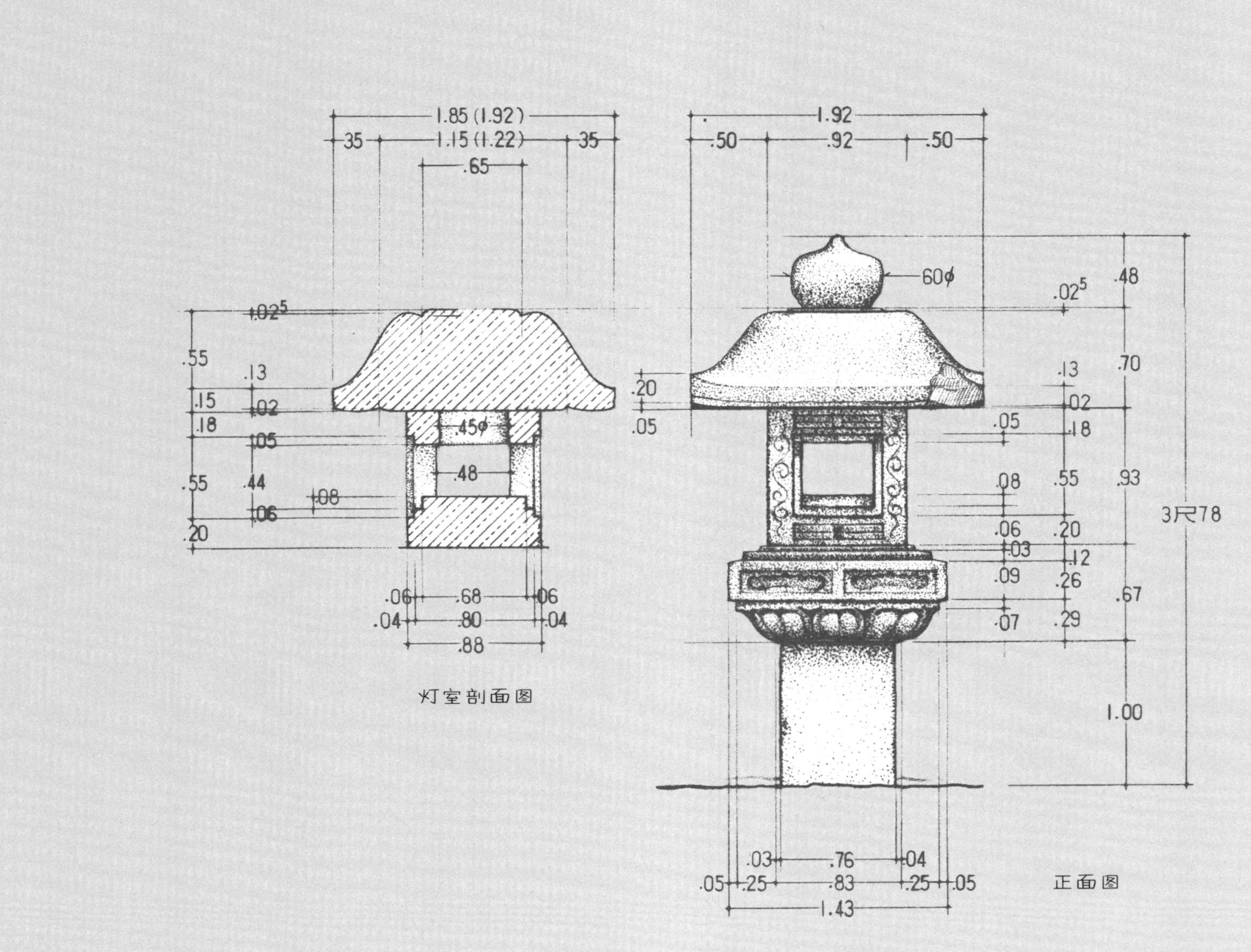

里千家今日庵 **插入式四角灯笼细节图** 比例尺 1:10

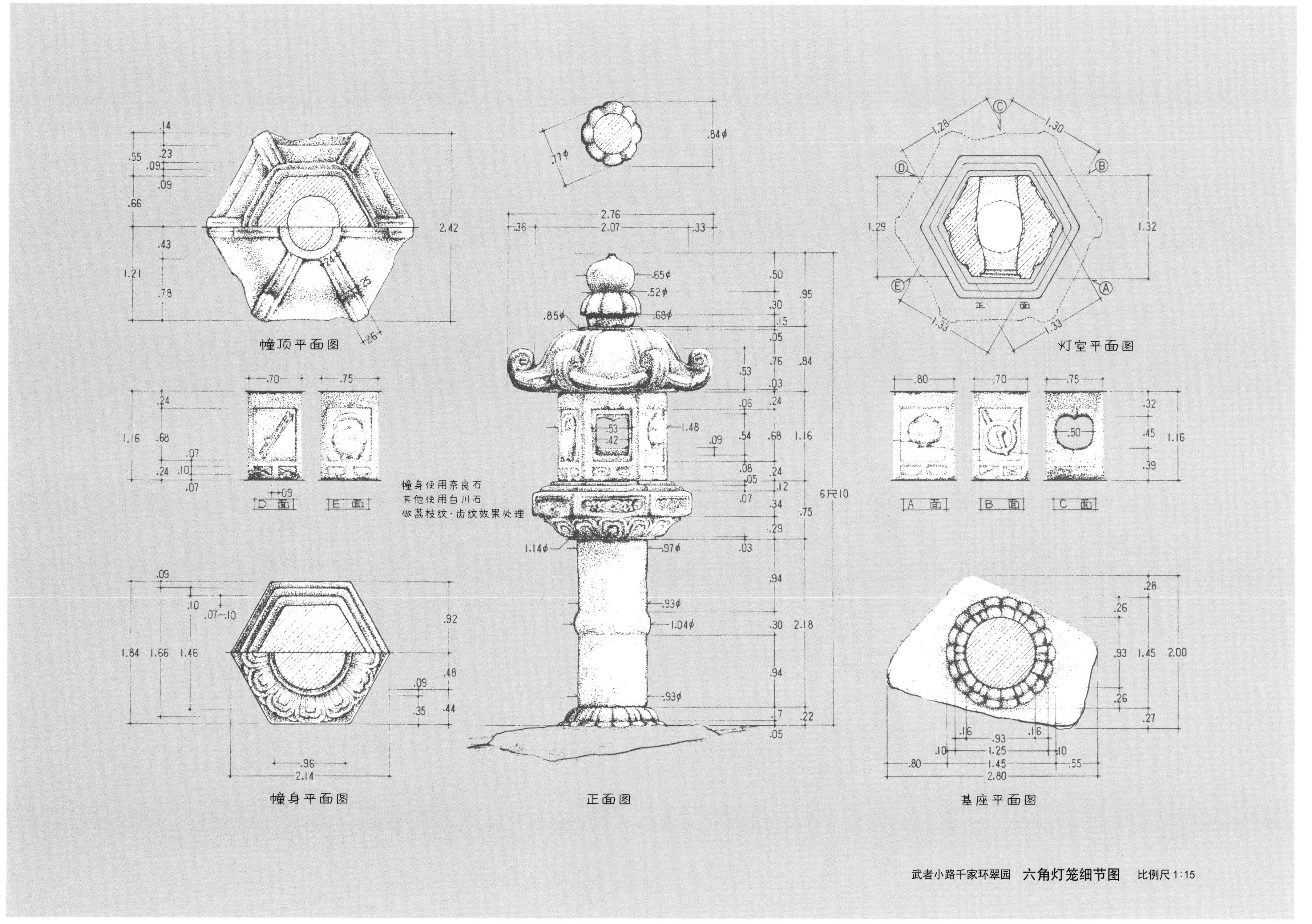

武者小路千家环翠园 六角灯笼细节图 比例尺1:15

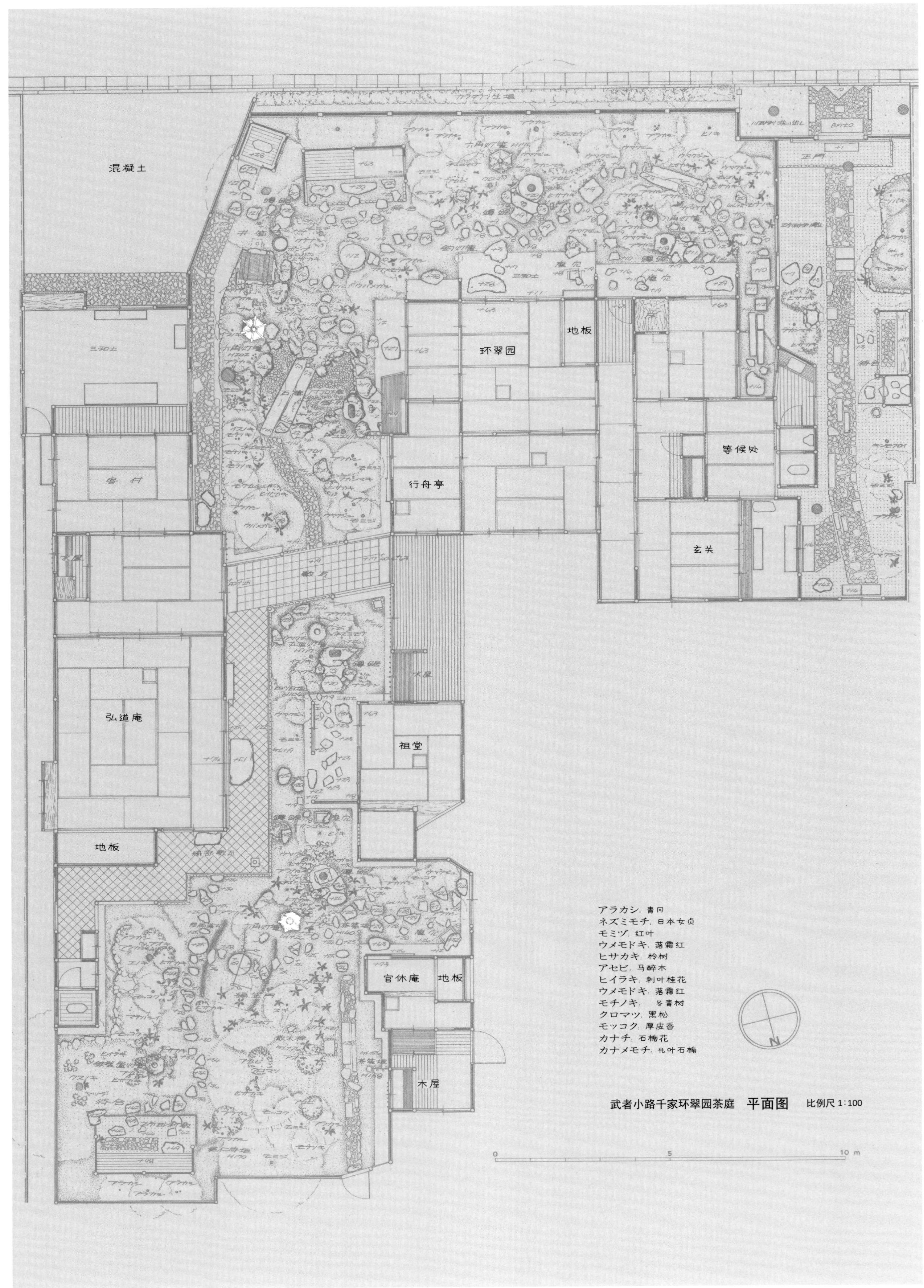

武者小路千家环翠园茶庭 平面图 比例尺 1:100

薮内家燕庵的寄灯笼 柱子

薮内家燕庵的雪之朝灯笼
薮内家燕庵的菊桐纹灯笼
薮内家燕庵的寄灯笼

薮内家的燕庵是初代家主从古田织部处接手的茶室，庭院当中为了能呼应织部的主张而摆放了埋地灯笼。

穿过庭院入口，从谈古堂通过中门后到达座椅处，右侧是雪之朝灯笼。周围种满绿植，尽力不使灯笼过分显眼。这座灯笼不仅具备小道照明以及路标的作用，作为从中途休息处的点缀也非常优美。

从石子小路沿着踏脚石向右拐弯前往燕庵的途中，没有一座寄灯笼。这座灯笼的幢顶、幢身、柱子石为方形，只有灯室为八角形。灯室除了火口六面为佛像，柱子的三面也刻有三尊佛像。可以感受到精工细雕的高尚气质。

前往燕庵的中途有可以往左拐弯的石子小路，前面就是织部水井，如今虽然已经枯竭，但是在古书记载中过去应该是庭院构成的核心部分。菊桐纹灯笼虽然作为主人来接水时的路标，但是和周围的孟宗竹林相辅相成，演绎着一种静谧的风景。

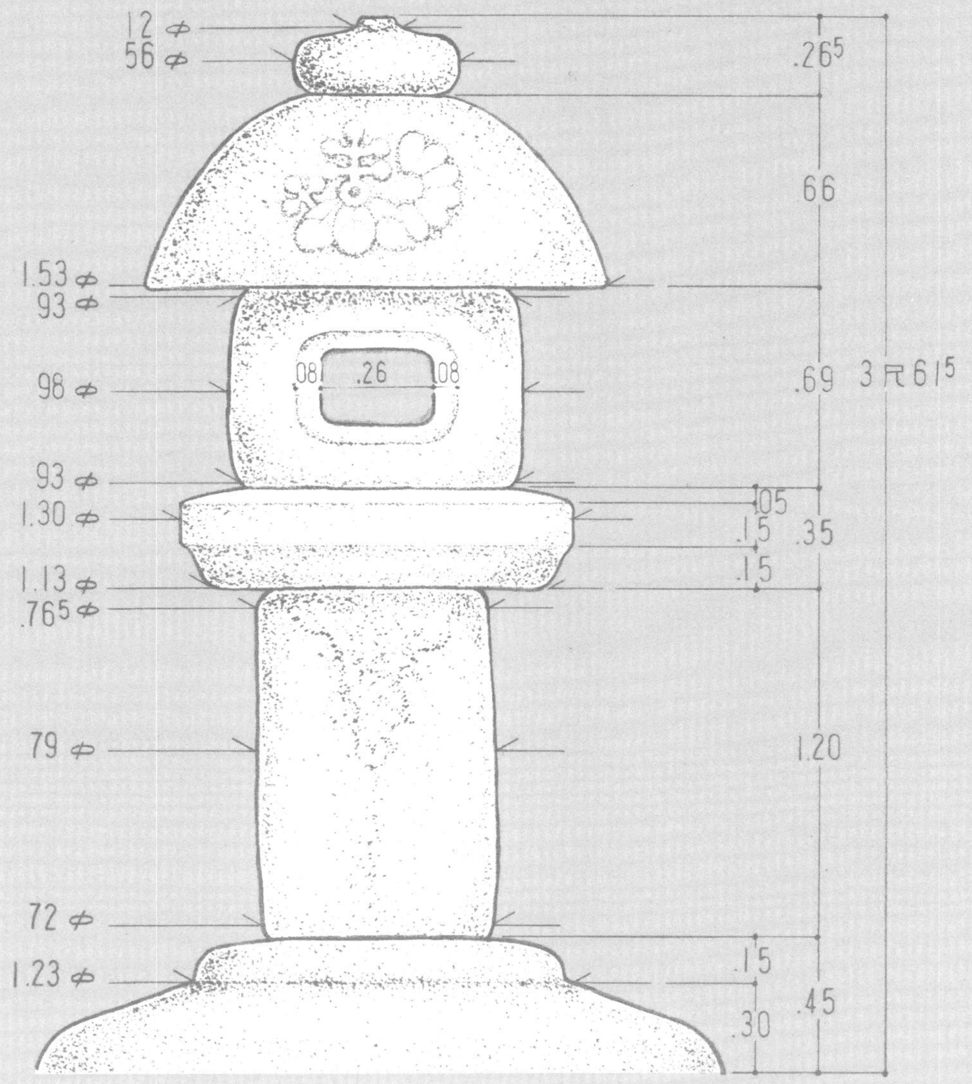

12 ⌀
56 ⌀
.26⁵
66
1.53 ⌀
93 ⌀
98 ⌀
08 .26 08
.69
3尺61⁵
93 ⌀
1.30 ⌀
.05
.15 .35
1.13 ⌀
.15
.76⁵ ⌀
79 ⌀
1.20
72 ⌀
.15
1.23 ⌀
.45
.30

正面图

薮内家 菊桐纹灯笼细节图 比例尺1:6

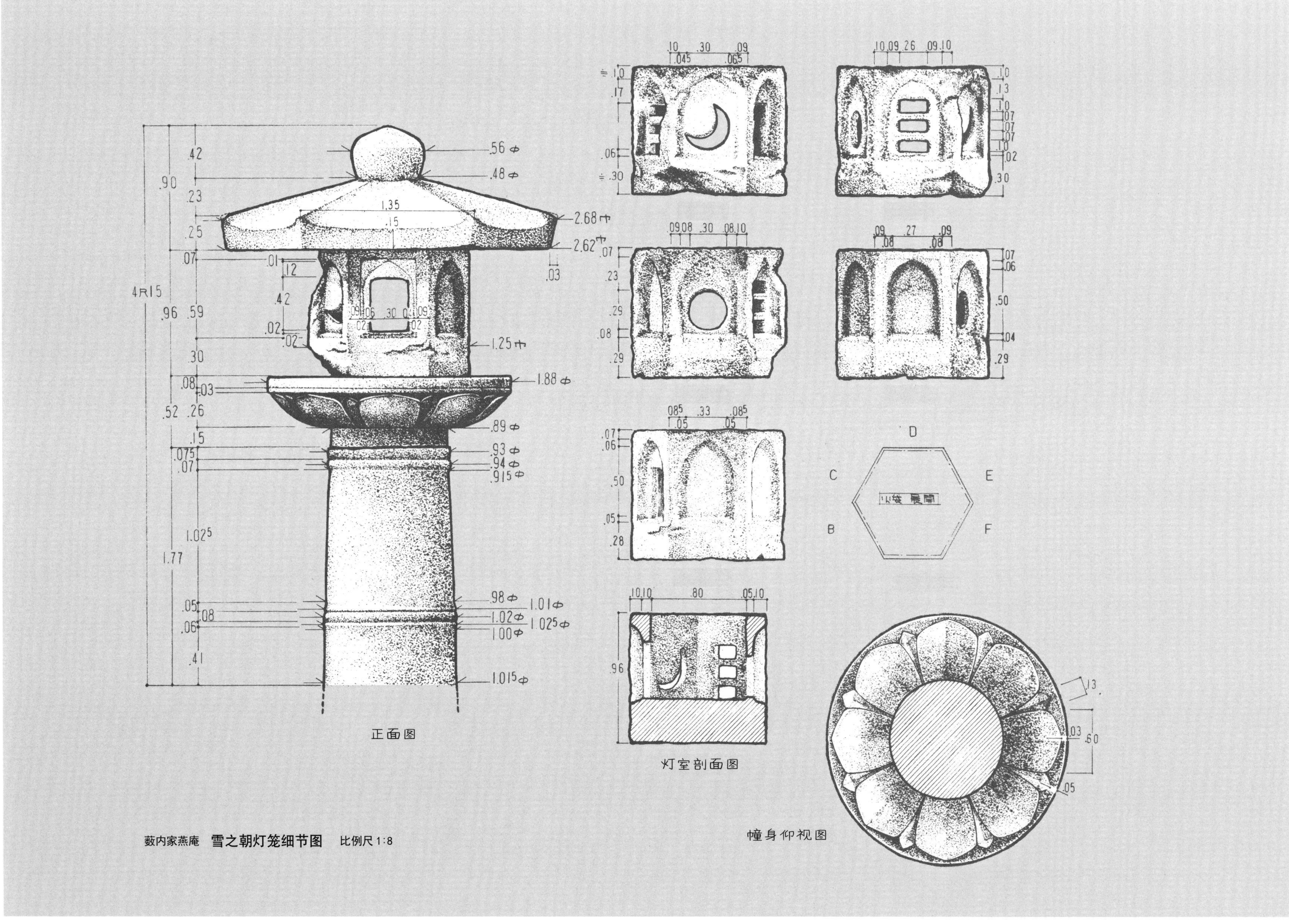

薮内家燕庵 雪之朝灯笼细节图 比例尺 1:8

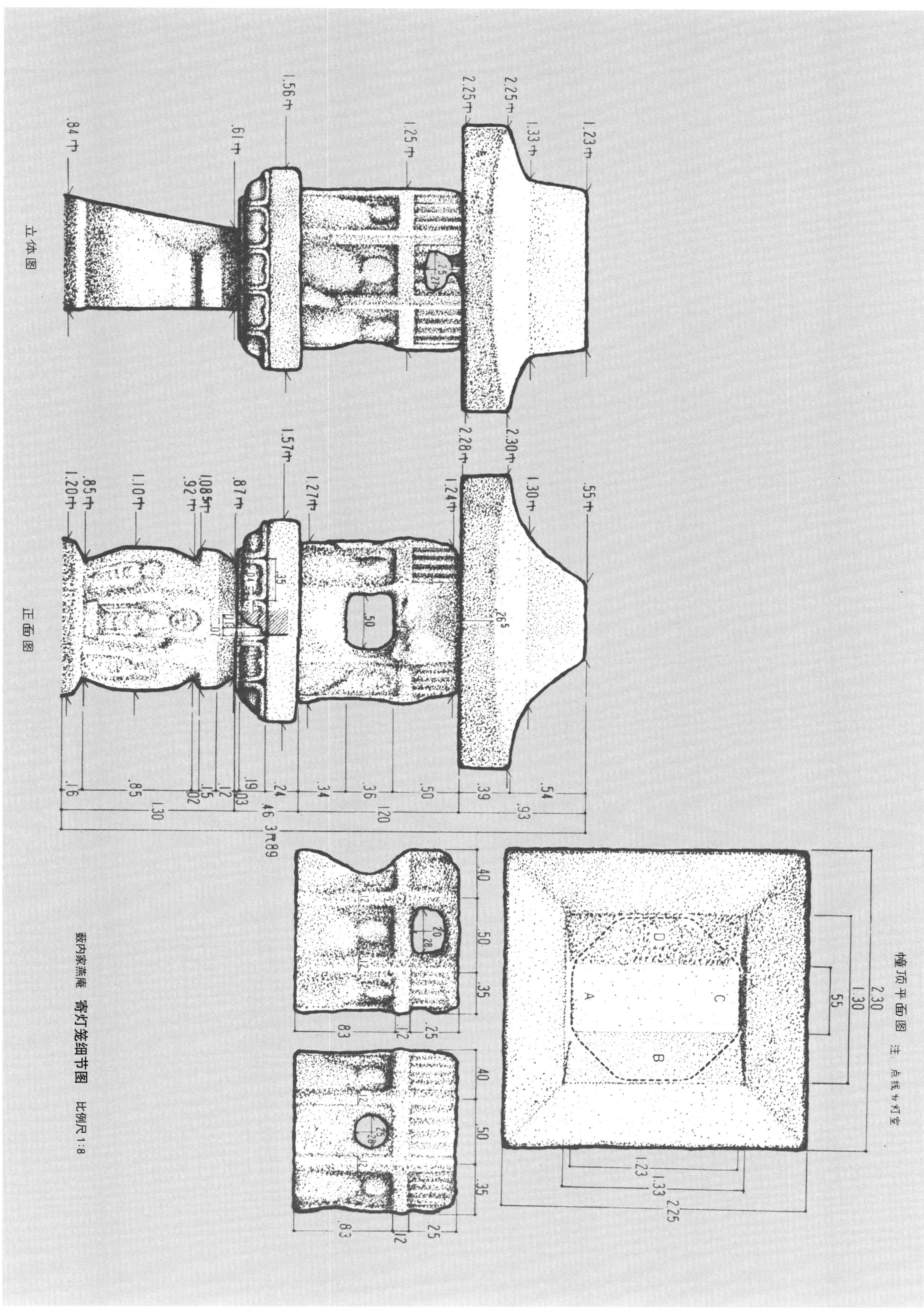
立体图
正面图
幢顶平面图 注：点线为灯室
薮内家燕庵
寄灯笼细节图
比例尺1:8

堀内家的埋地灯笼
堀内家长生庵前的六角灯笼
堀内家无着轩前的六角灯笼

穿过正门的右手边就是堀内家的庭院入口，进来后可以看到作为正面石子小路的照明而设置在比较低矮的位置上的埋地灯笼。从长屋门到庭院的时候，这座灯笼刚好起到了路标的作用，此外它还可以作为前往中途休息处时的照明。虽然不是特别显眼，但是也可以说是一种没有浪费的搭配。

从中途休息处前往正面的梅见门，往里便是长生庵的内庭院，中央摆放着六角灯笼。灯笼的外观并不显眼，好像是将白川石作为基石，幢身上部好像是日本南北朝时期的奈良石，除了火口其余几面都刻有梵文。

在无着轩前的庭院当中也安置着大型六角灯笼。除了小松石的宝顶都是由伊势石制成，在灯室处开有方形的火窗。灯室和柱子为了调节灯光高度和完美的形状，都实施了缩短工序。灯笼具备了镰仓时期的样式特征，非常优美。既是小道用照明，同时还是从庭院口路标。

堀内家的灯笼和表千家的相同，为四方正面，在最少的使用数量下，将实用和观赏性完美协调。

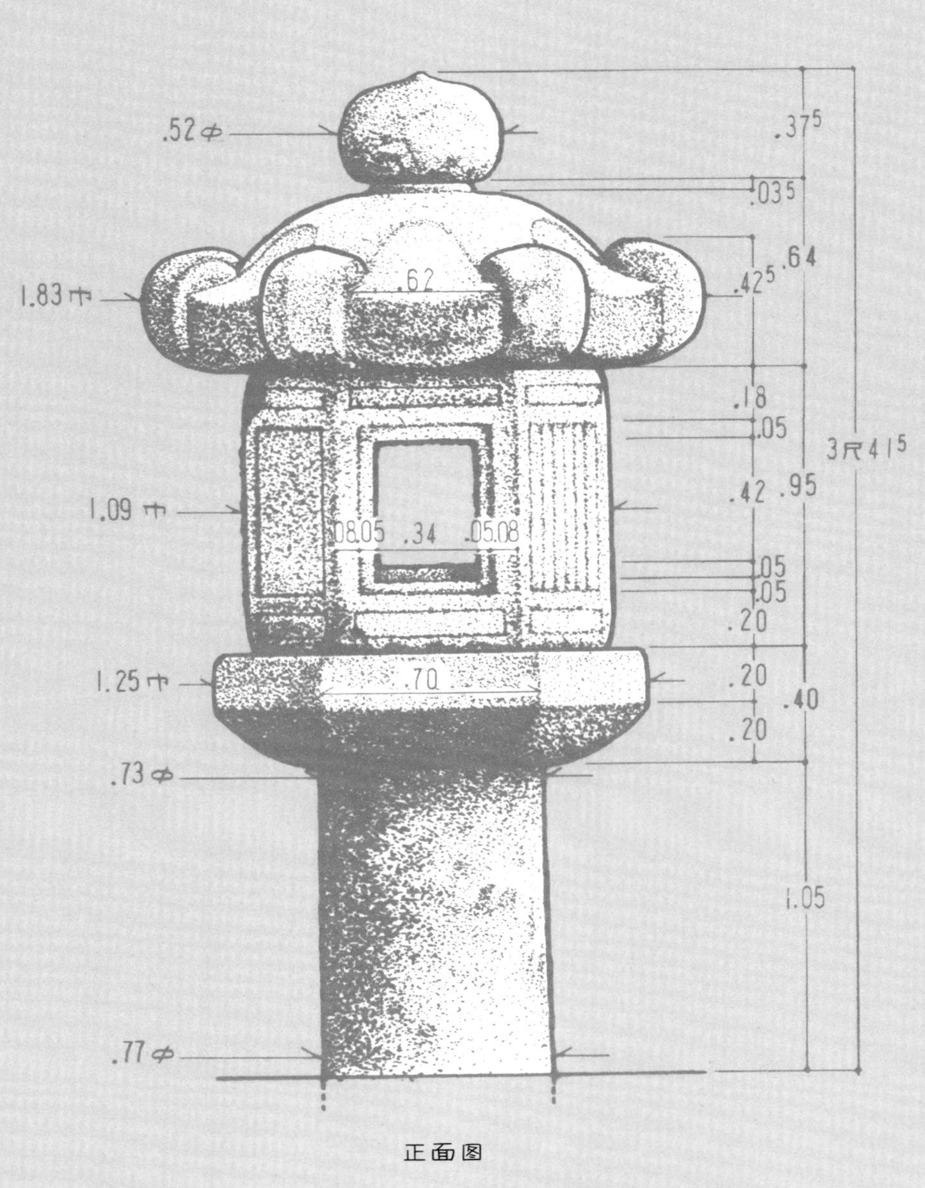

正面图

※ 全部使用白川石
做荔枝纹·齿纹效果

堀内家 **埋地灯笼细节图** 比例尺 1:6

堀内家 长生庵前的六角灯笼 柱子

堀内家 长生庵前的六角灯笼 灯室

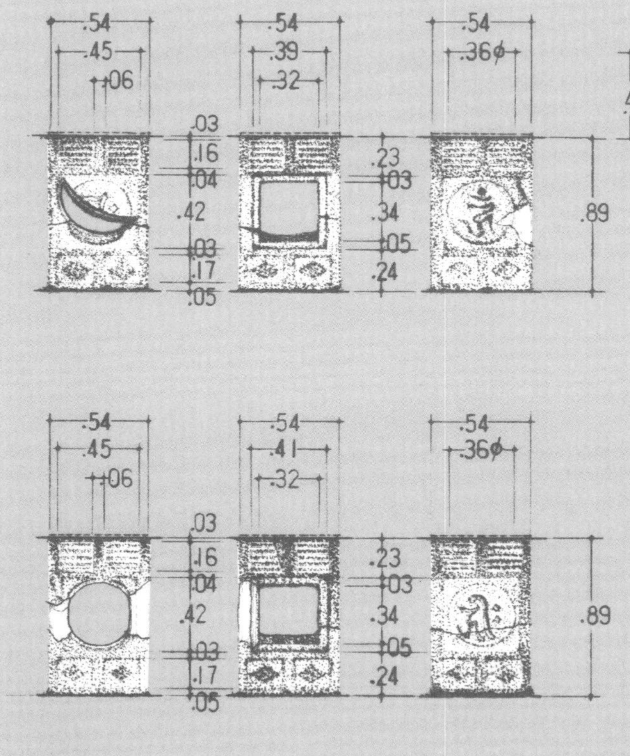

灯室各面图

基座使用白川石
柱子使用小松石，幢身使用奈良石，
做荔枝纹·齿纹效果

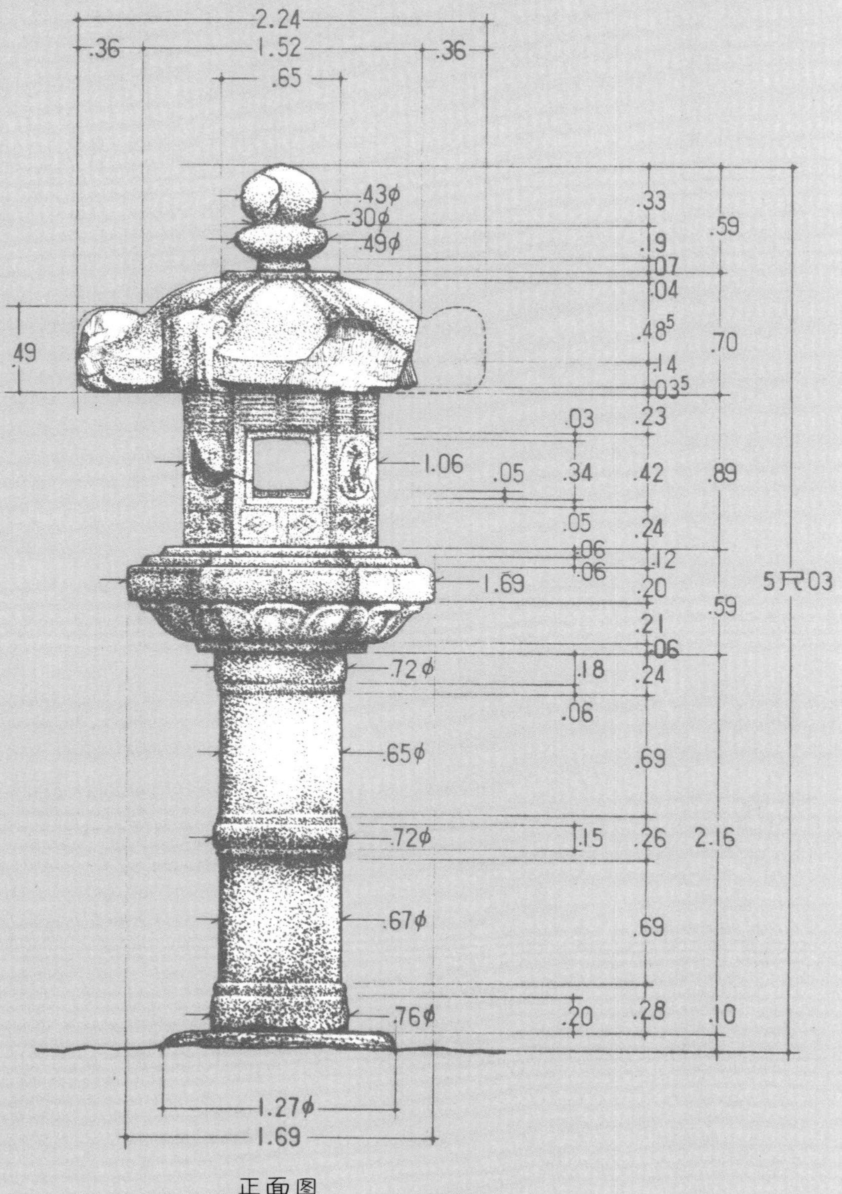

正面图

堀内家长生庵前 **六角灯笼细节图** 比例尺 1:10

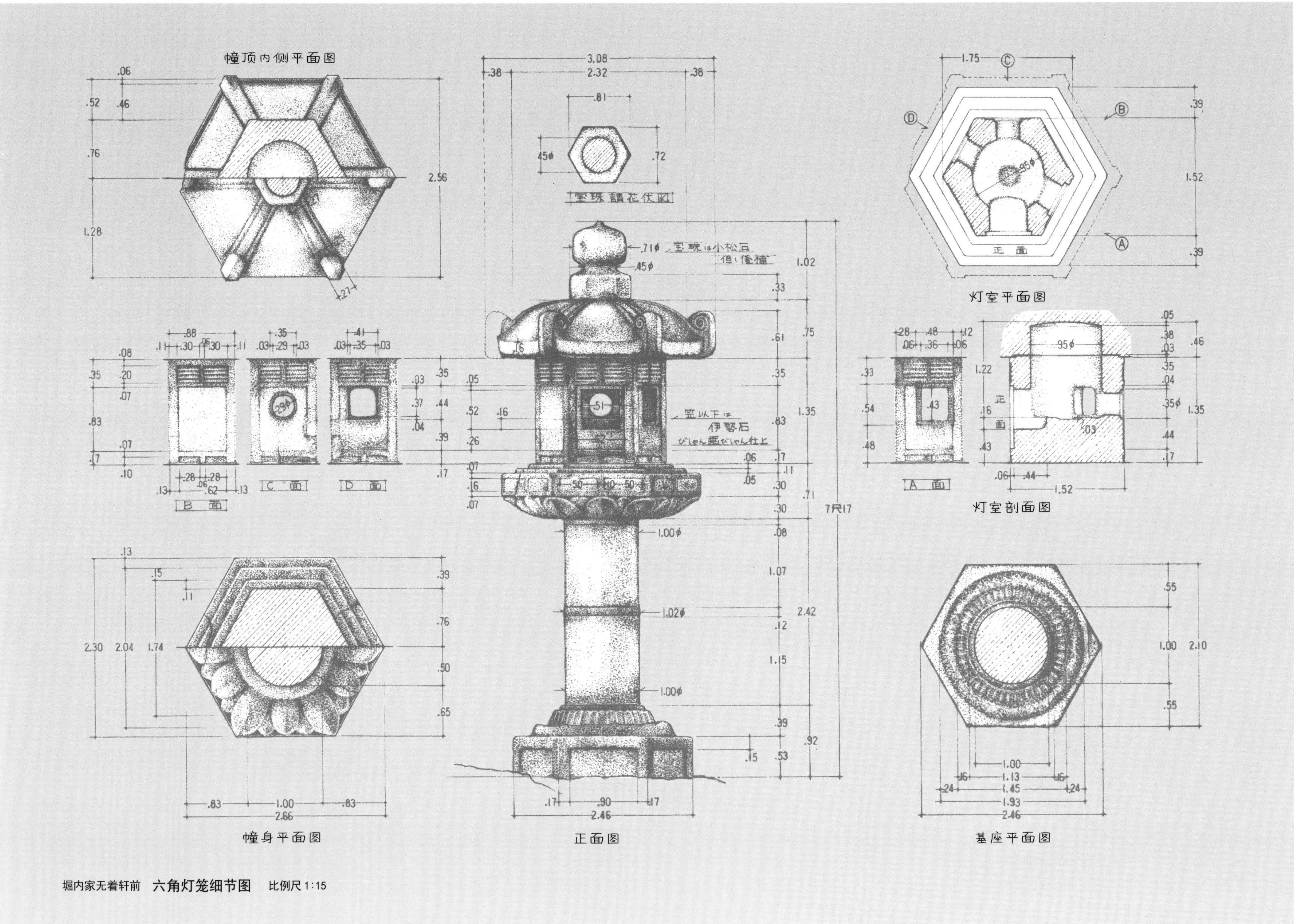

堀内家无着轩前 六角灯笼细节图 比例尺 1:15

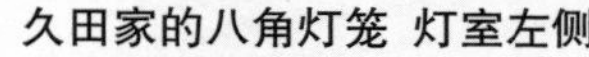
久田家的八角灯笼 灯室左侧

久田家的八角灯笼 灯室右侧

久田家的八角灯笼

久田家的八角灯笼是半床庵外茶庭的照明工具，摆放在大厅前。此灯笼是纪伊家赏赐的名品，整体呈现出厚实而柔和的质感。

在灯室部分，除了方形的点火口，也设有日月形点火窗，从三个方向都可看到，是很好的装饰物。

细节部分的做工也十分细致，幢身部分也和其他灯笼不同，莲花座上方采用回折形设计，十分罕见。

这座八角灯笼只摆放在较狭长的茶庭。作为大厅前的中心景象，是绝妙的设计。灯笼拥有像黑松一样的轮廓，格外显眼。

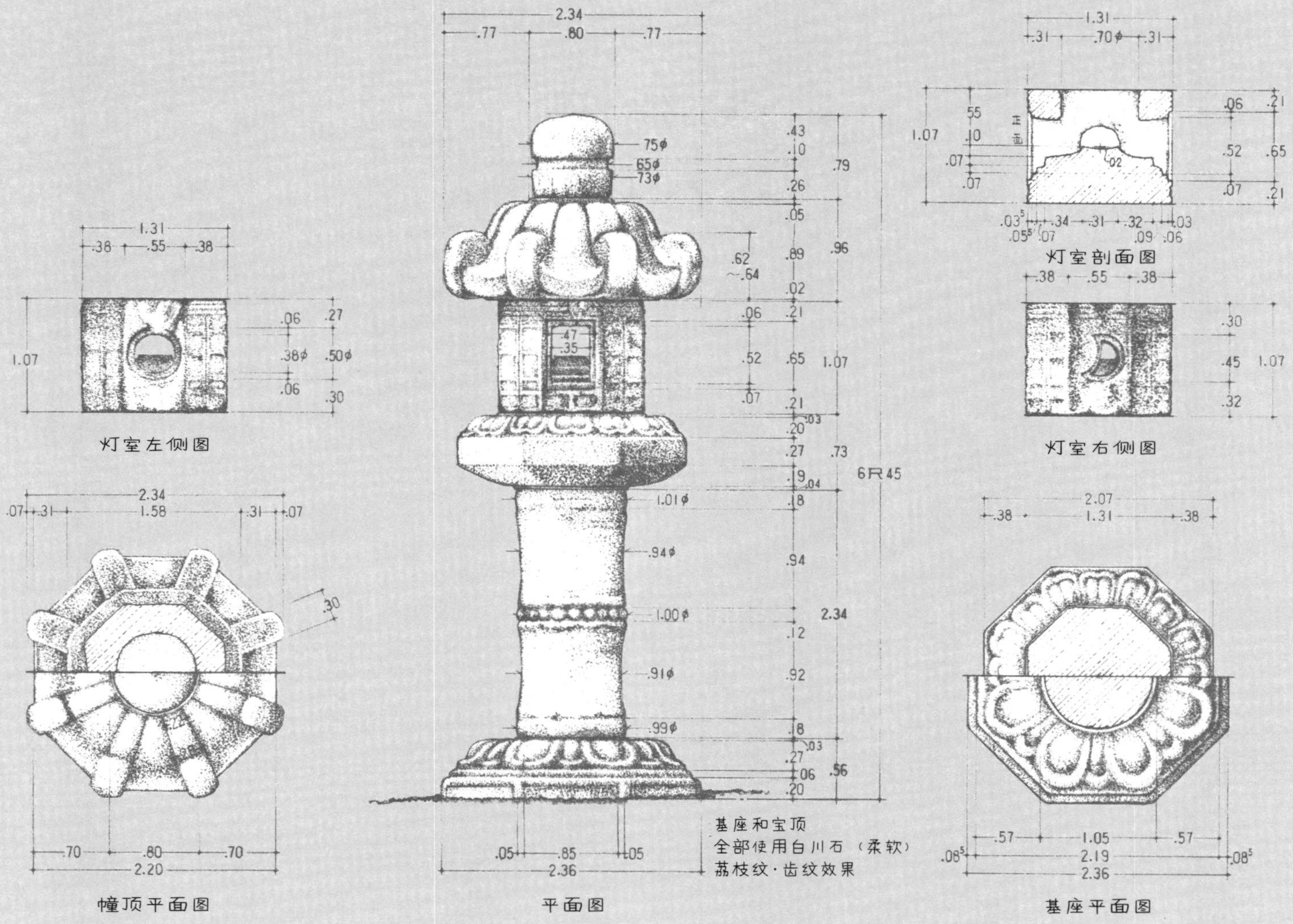

灯室左侧图

幢顶平面图

平面图

基座和宝顶
全部使用白川石（柔软）
荔枝纹·齿纹效果

6尺45

灯室剖面图

灯室右侧图

基座平面图

久田家 **六角灯笼细节图** 比例尺1:15

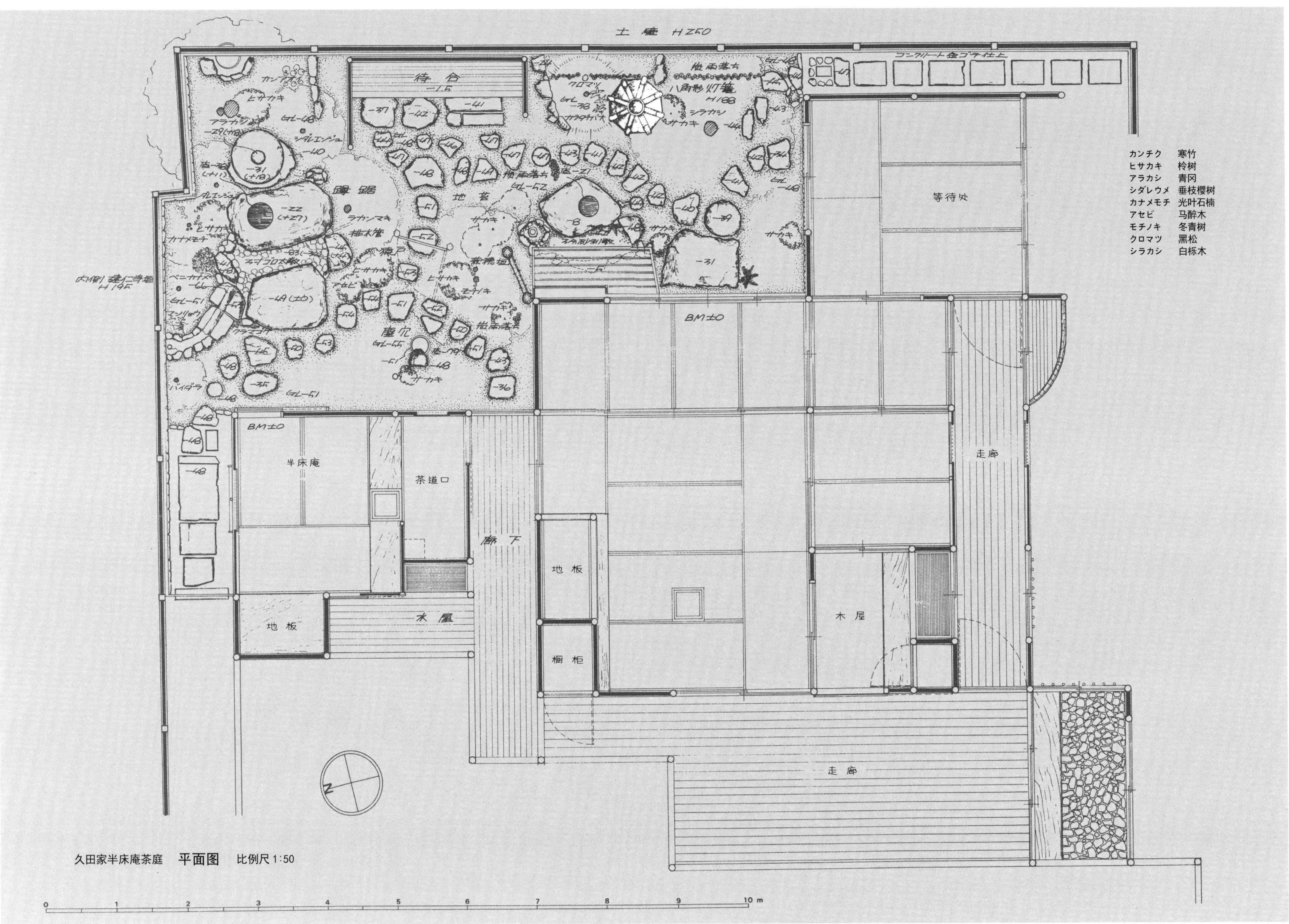

久田家半床庵茶庭　平面图　比例尺1:50

仁和寺 飞涛亭的寸松庵灯笼

置灯笼主要由幢顶和灯室构成，所以在较小体积下也散发出明亮的火光。

这座寸松庵灯笼放置于鞍马石的基石石材上。生长的青苔给人一种寂寞之感，使灯笼能更好地融入周边的环境当中。

仁和寺 辽廊亭的寄灯笼

这座灯笼位于辽廊亭，是座具备方形火口和圆形窗户的寄灯笼。虽然为了照明作用而设置，但是作为景色的点缀也是非常优美的。

对龙山庄的六角灯笼

估计是在室町时期在六地藏的壁龛上放置火口的灯笼，由凝灰岩制成，可以推测是在鹿儿岛附近制作的，营造出一种低调安稳的氛围。

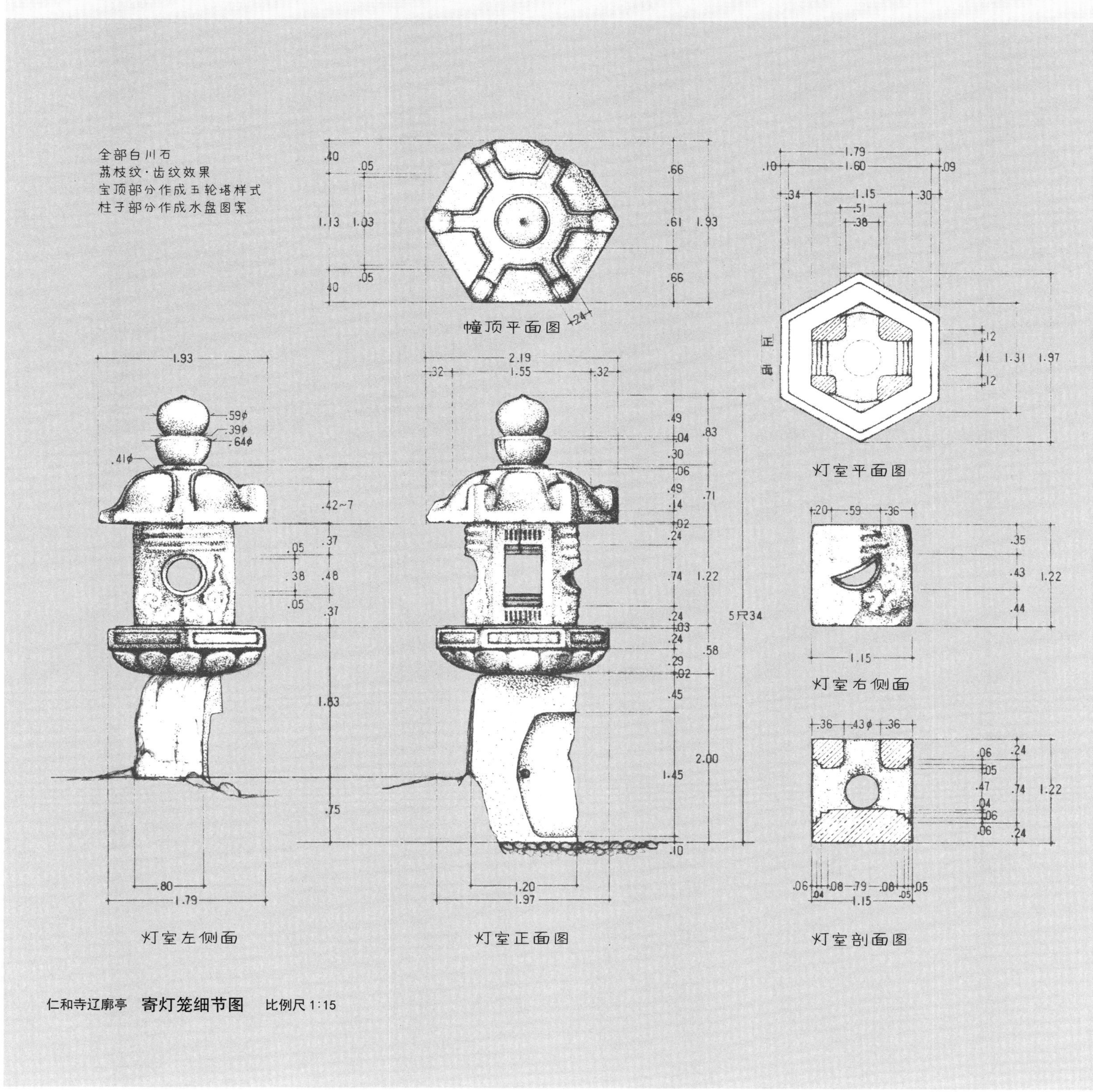

仁和寺辽廊亭 寄灯笼细节图 比例尺1:15

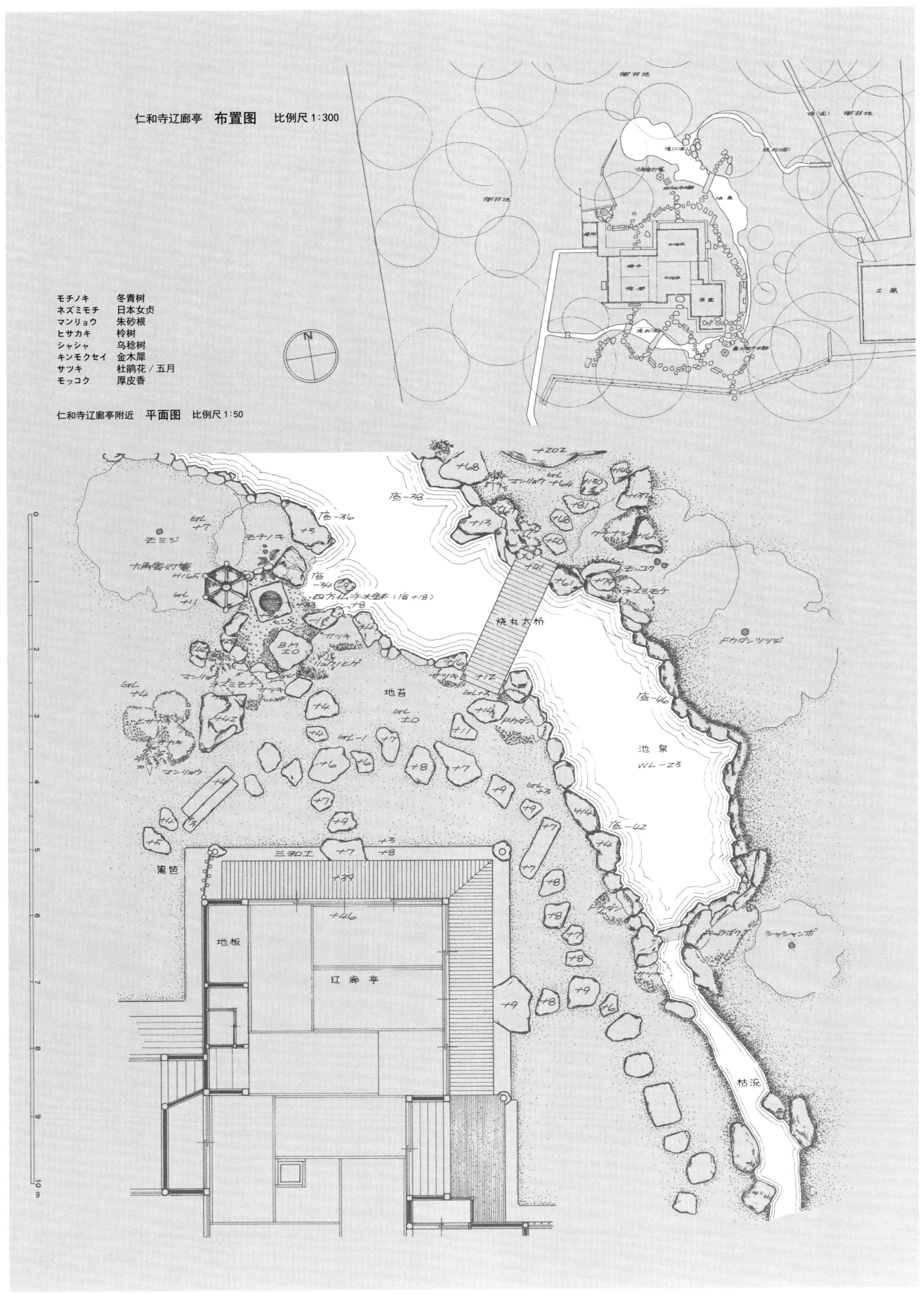

仁和寺辽廊亭 布置图 比例尺1:300
モチノキ 冬青树
ネズミモチ 日本女贞
マンリョウ 朱砂根
ヒサカキ 柃树
シャシャ 乌稔树
キンモクセイ 金木犀
サツキ 杜鹃花／五月
モッコク 厚皮香
仁和寺辽廊亭附近 平面图 比例尺1:50
焼丸太桥
地苔
池泉
三和土
篱笆
地板
辽廊亭
枯流

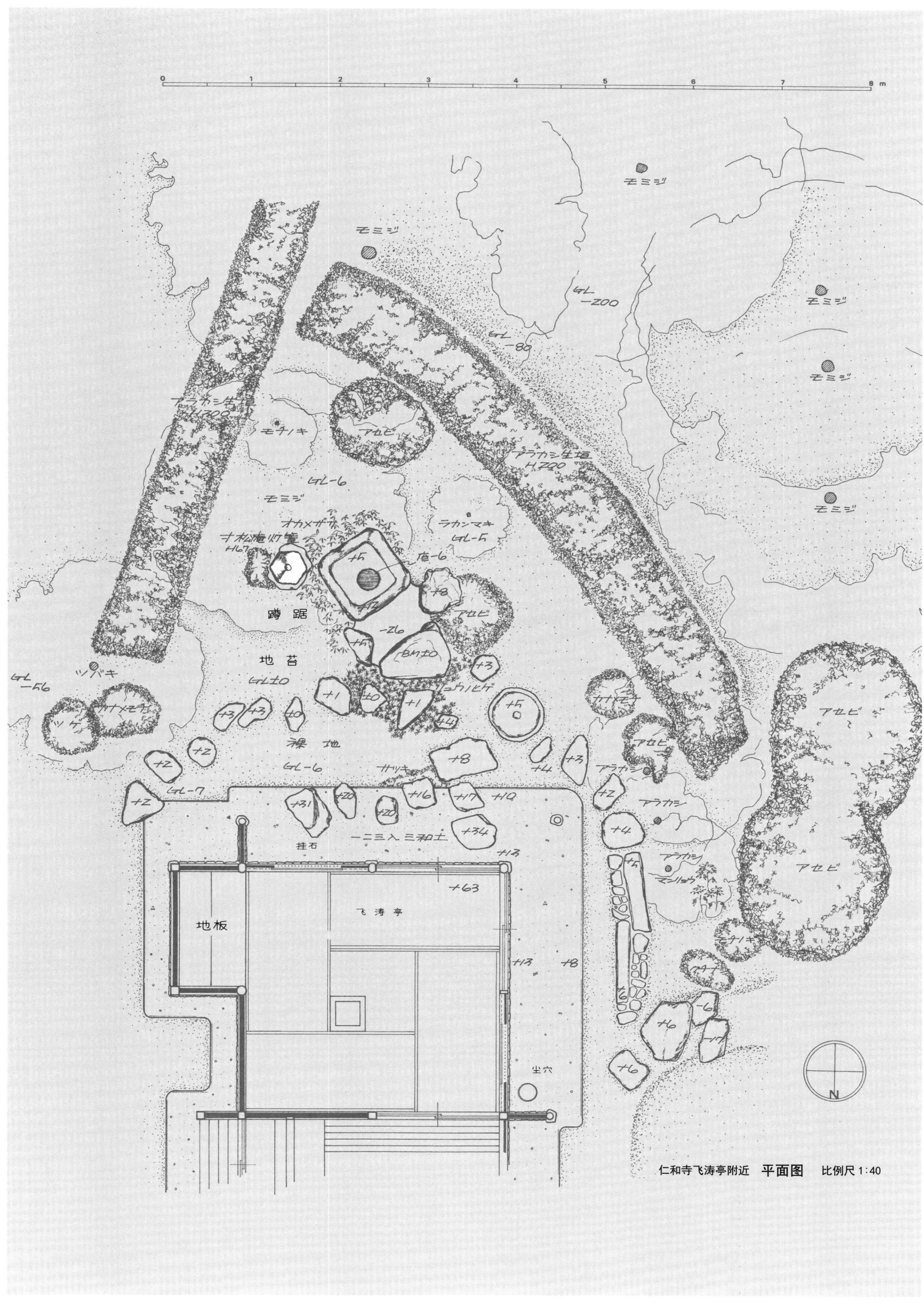

仁和寺飞涛亭附近 **平面图** 比例尺 1:40

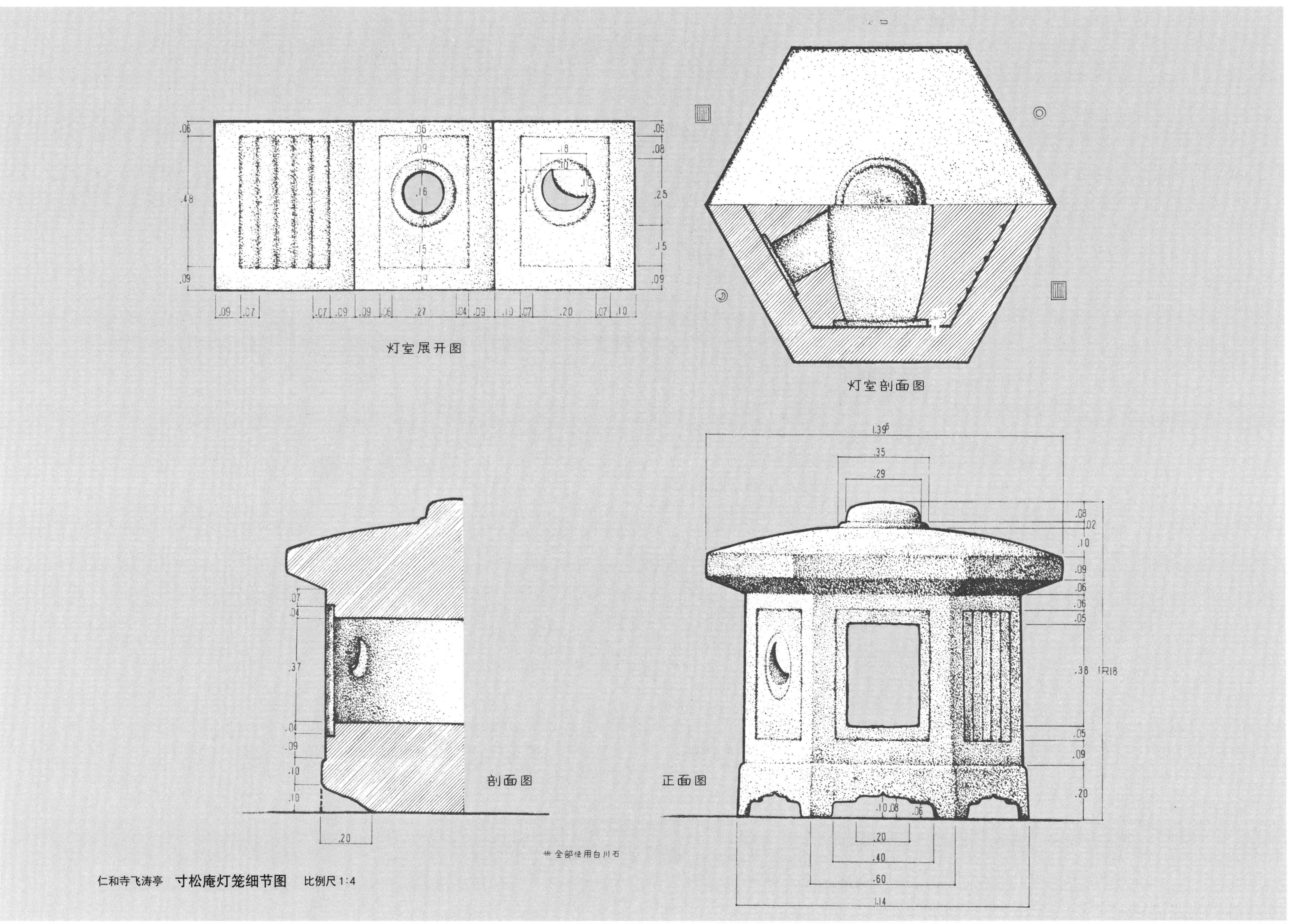

仁和寺飞涛亭 寸松庵灯笼细节图 比例尺 1:4

妙喜庵的妙喜庵灯笼

这座灯笼位于利休所喜爱茶室的遗址，是国宝级别的待庵的照明用具。

并不起眼的圆形灯笼与葺木瓦板坡屋顶结构的房檐相辅相成，凸显出了宁静的风情。

孤篷庵 忘荃的寄灯笼

这座寄灯笼在书院轩庭院的外侧，与结露的手水钵一起成为景色的核心。宝顶上有五轮塔的空轮和风轮，灯室为宝箧印塔的台座石，幢身为层塔的塔幢顶，并且柱子和宝塔的塔身紧靠在了一起。和沉重形状的手水钵相比，这座灯笼给书院原有的保守空间带来了一种朝气蓬勃的感觉。

孤篷庵 砂雪隐前的埋地石灯笼

在直入轩西侧铺满美丽的青苔，在西南角的砂雪隐前放置了一座埋地灯笼，设计风格非常有趣。

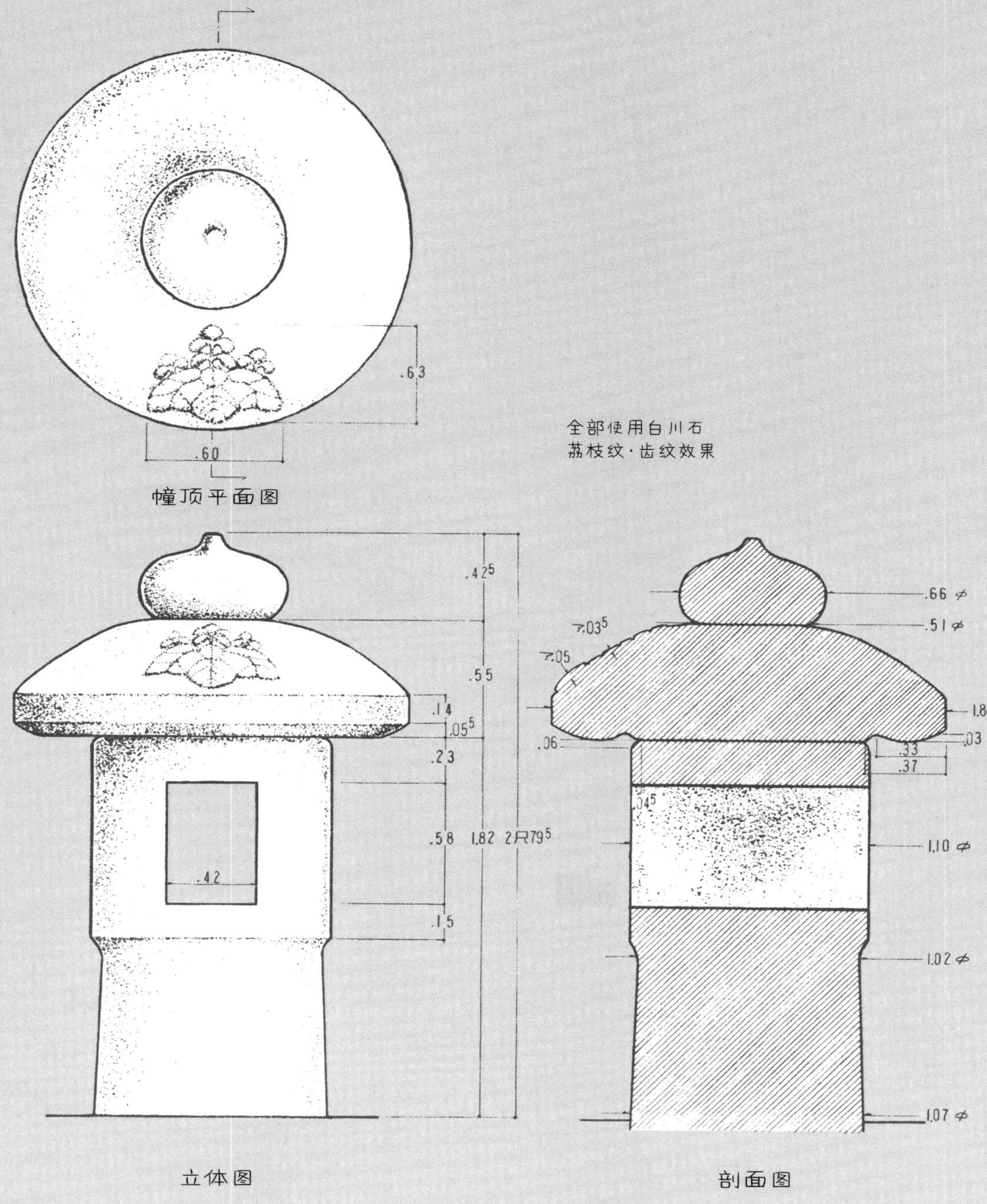

.63
.60
幢顶平面图

全部使用白川石
荔枝纹·齿纹效果

.42⁵ .55 .14 .05⁵ .23 .58 1.82 2尺79⁵ .15 .42

.66 ⌀ .51 ⌀ .03⁵ .05 1.81⁵ .06 .33 .03 .37 .04⁵ 1.10 ⌀ 1.02 ⌀ 1.07 ⌀

立体图

剖面图

妙喜庵 妙喜庵灯笼细节图 比例尺 1:8

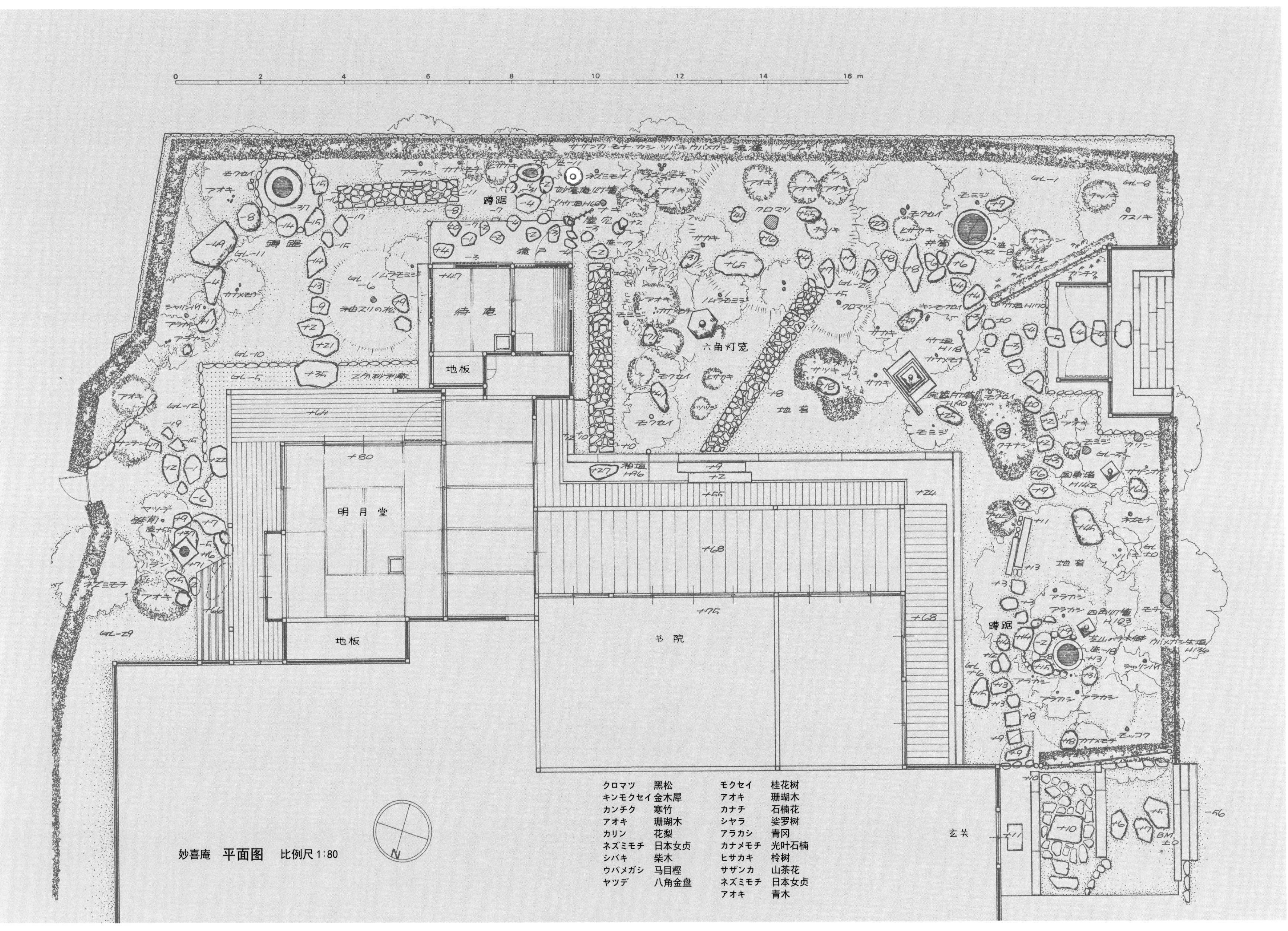
0
2
4
6
8
10
12
14
16 m
待庵
地板
明月堂
地板
书院
玄关
六角灯笼
蹲踞
地苔
妙喜庵　平面图　比例尺1:80
クロマツ　黑松
キンモクセイ 金木犀
カンチク　寒竹
アオキ　珊瑚木
カリン　花梨
ネズミモチ　日本女贞
シバキ　柴木
ウバメガシ　马目樫
ヤツデ　八角金盘
モクセイ　桂花树
アオキ　珊瑚木
カナチ　石楠花
シャラ　娑罗树
アラカシ　青冈
カナメモチ　光叶石楠
ヒサカキ　柃树
サザンカ　山茶花
ネズミモチ　日本女贞
アオキ　青木

孤蓬庵忘筌　**寄灯笼平面**

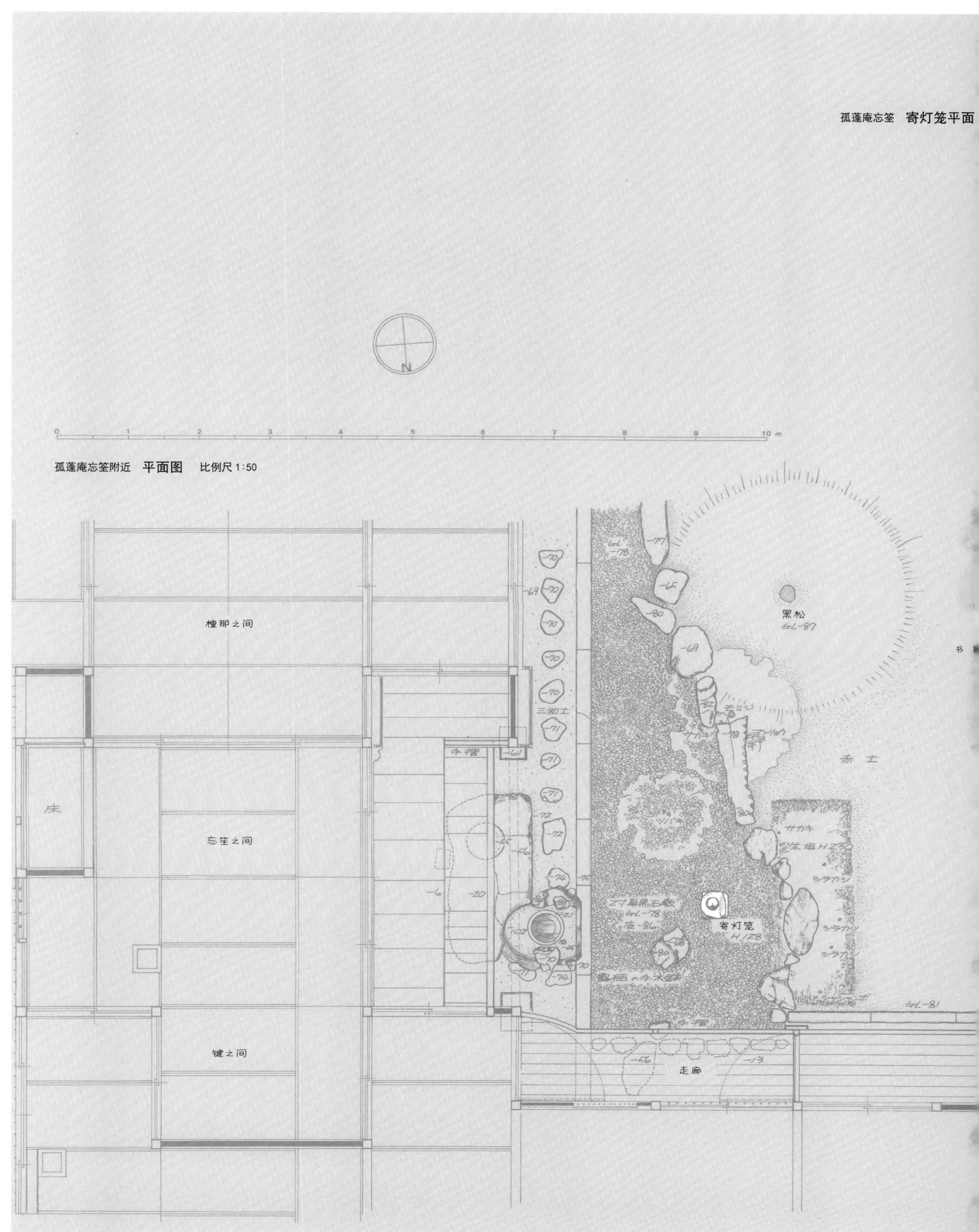
0
1
2
3
4
5
6
7
8
9
10 m
孤蓬庵忘筌附近　平面图　比例尺 1:50
檀那之间
忘笙之间
键之间
床
走廊
黑松
GL-87
寄灯笼
H128
赤土
书

10
15 m
ツバキ
床
寄灯笼
手水钵
忘筌之间
山水床

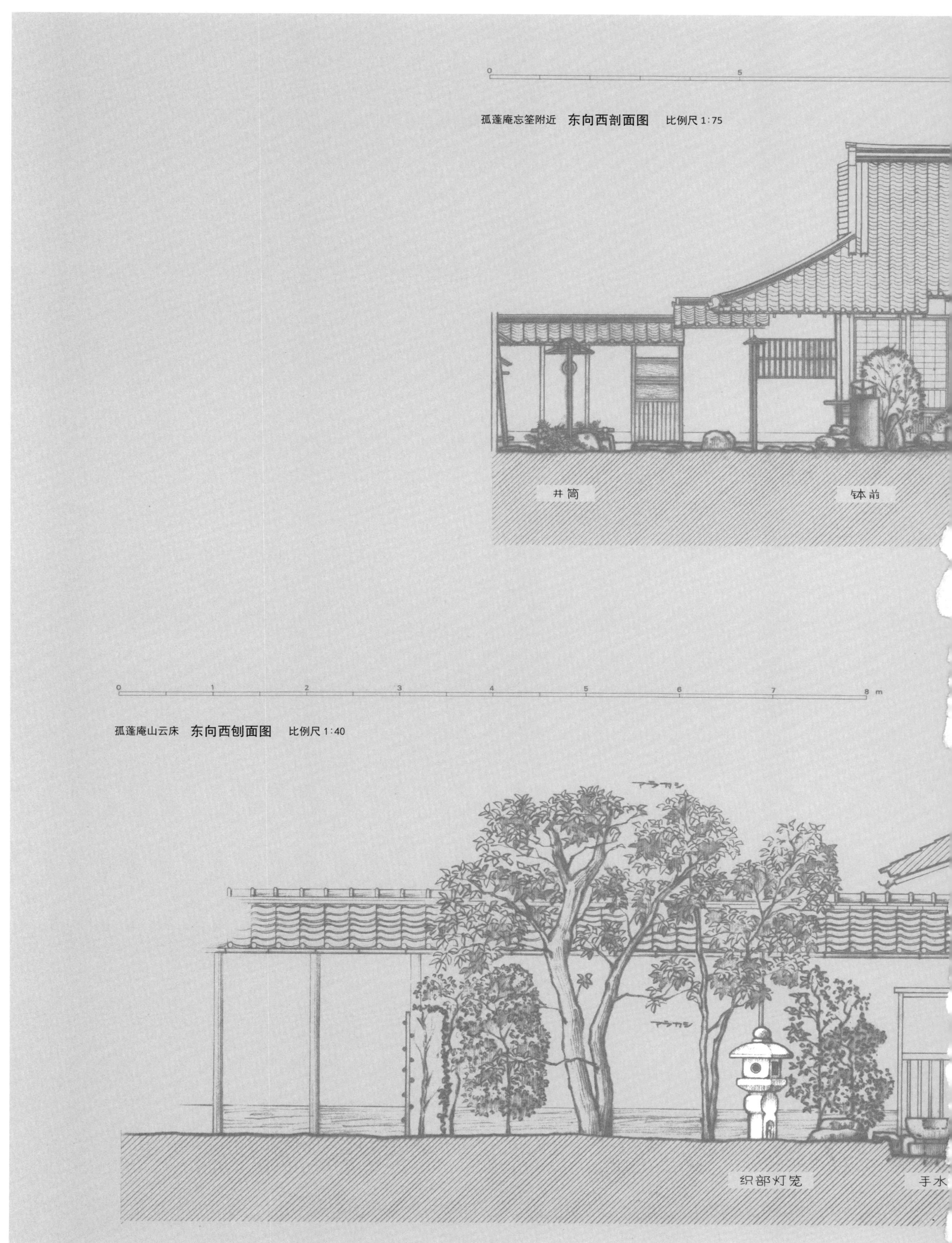
0
5
孤蓬庵忘筌附近 东向西剖面图 比例尺 1:75
井筒
钵前
0
1
2
3
4
5
6
7
8 m
孤蓬庵山云床 东向西刨面图 比例尺 1:40
アラカシ
アラカシ
织部灯笼
手水

比例尺 1:8

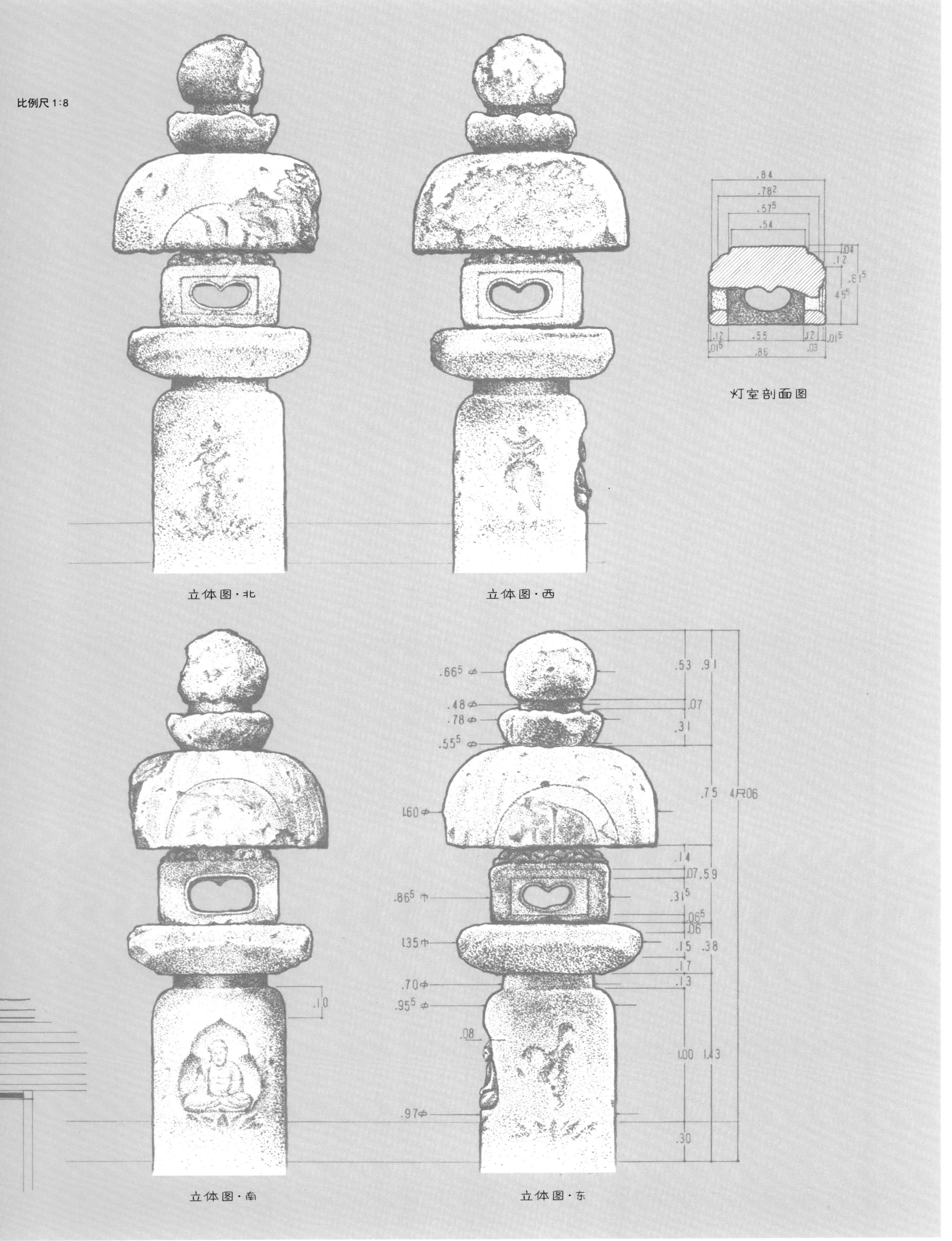

灯室剖面图

立体图·北

立体图·西

立体图·南

立体图·东

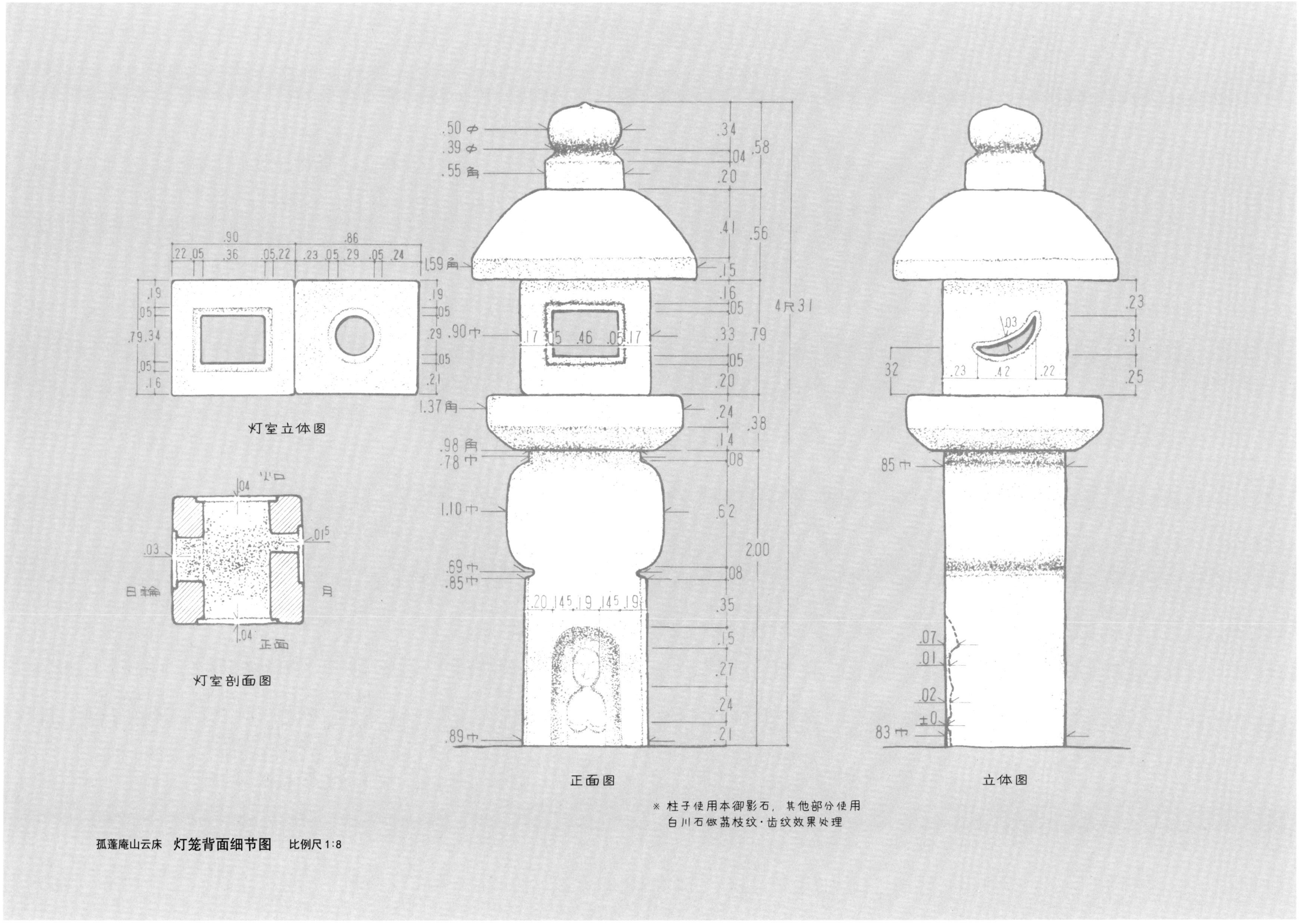

孤蓬庵山云床 灯笼背面细节图 比例尺1:8

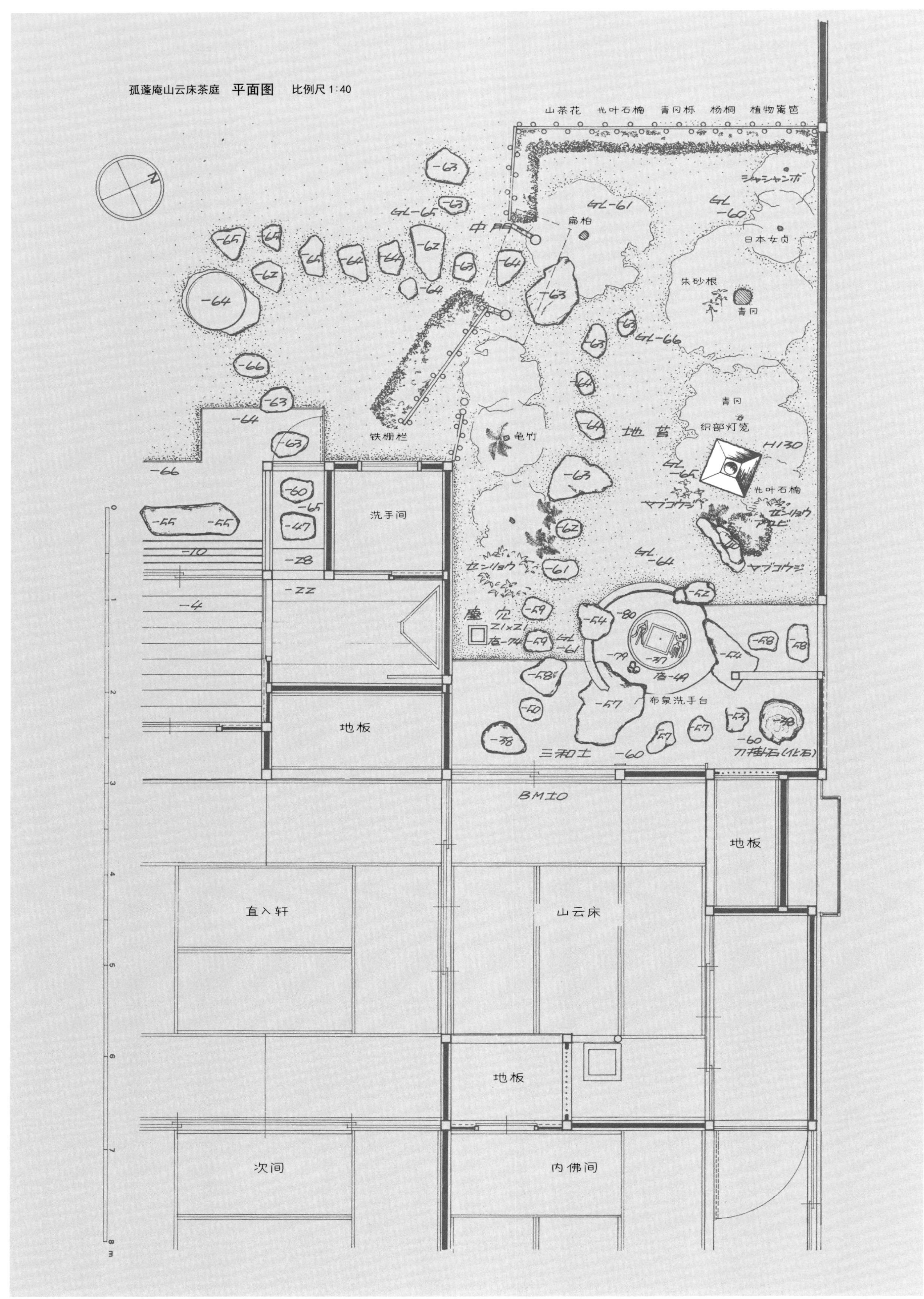
孤蓬庵山云床茶庭 平面图 比例尺 1:40
山茶花 光叶石楠 青冈栎 杨桐 植物篱笆
扁柏
日本女贞
朱砂根
青冈
青冈
织部灯笼
H130
光叶石楠
铁栅栏
龟竹
洗手间
地板
布泉洗手台
三和土
BM±0
地板
直入轩
山云床
地板
次间
内佛间

成异阁的六角灯笼 从南方看

成异阁的六角灯笼

冬天的金泽，庭院内的植物全都挂着雪柱，灯笼也换上了冬装。房间内的地板以及房檐下的景象也是雪国的特色。

在清香轩引入兼六园的水，在这个池泉的对面摆放着刻有地藏的寄灯笼。

此处树木不多，也没有草，回头就可看见这个灯笼，它也成为清香轩的主要景色。

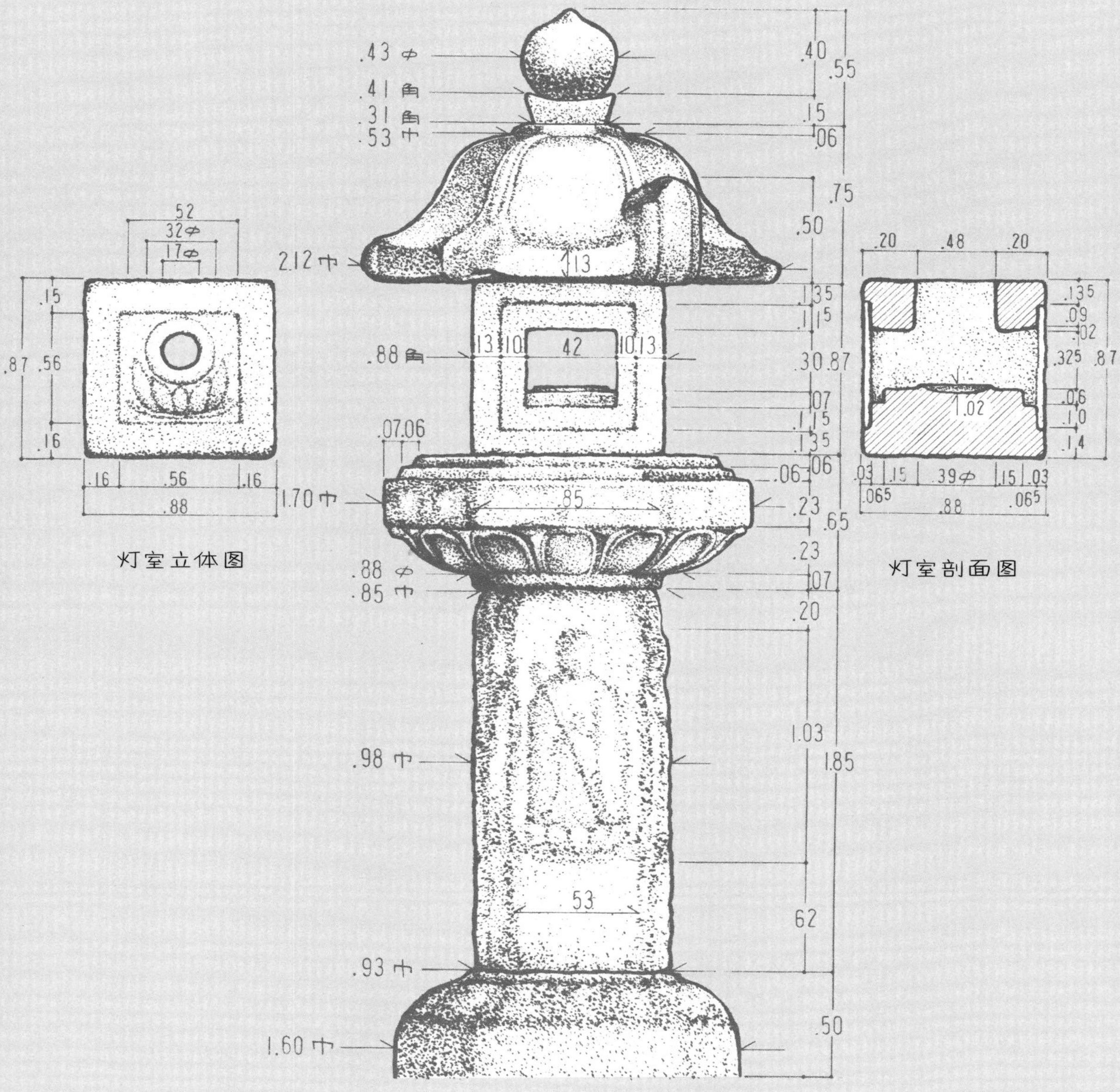

灯室立体图

灯室剖面图

正面图

※ 宝顶使用约前石，顶盖使用奈良石
柱子使用松晏石，其他部分不明
做荔枝纹·齿纹效果

成异阁 **六角灯笼细节图** 比例尺 1:8

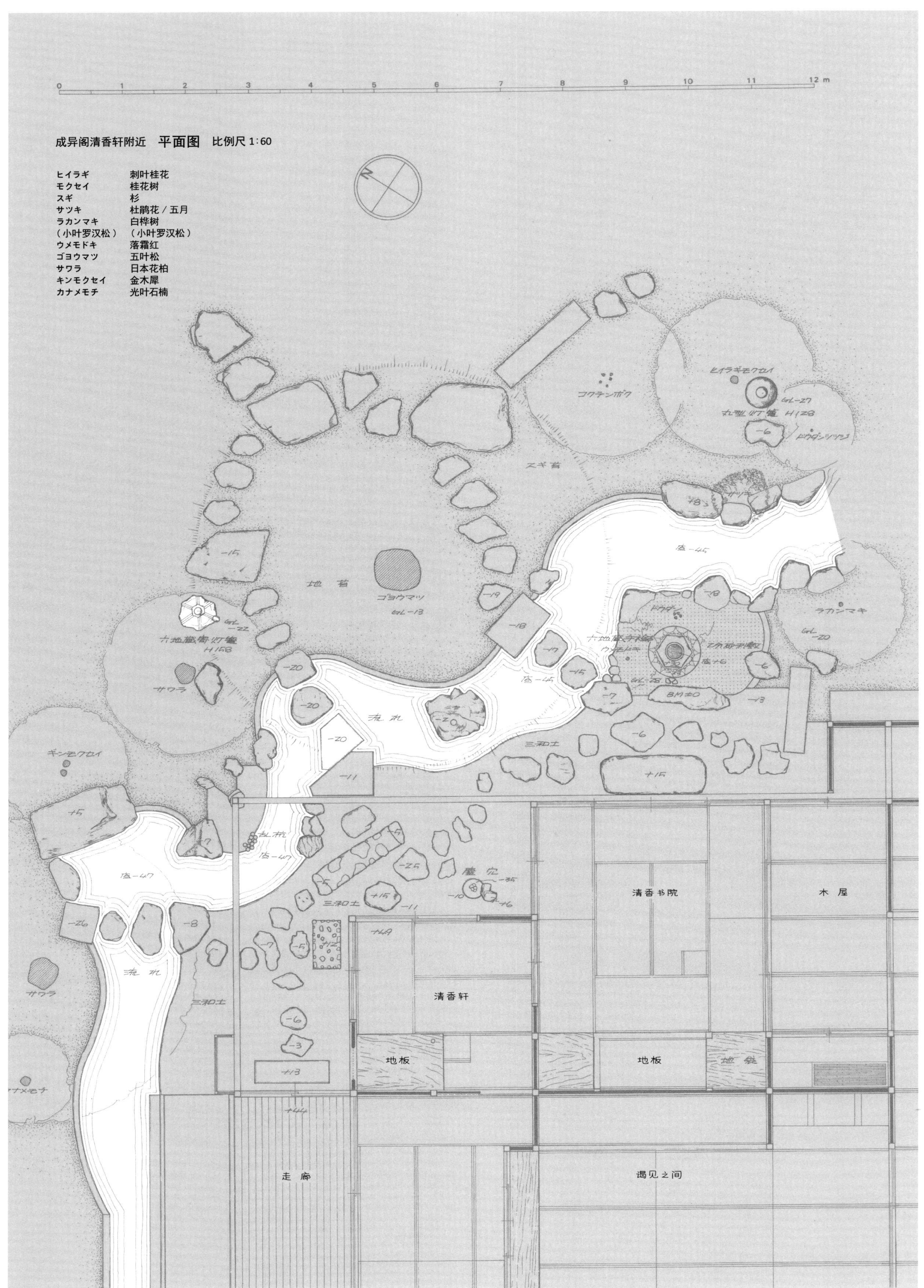

0 1 2 3 4 5 6 7 8 9 10 11 12 m
成异阁清香轩附近 平面图 比例尺 1:60
ヒイラギ 刺叶桂花
モクセイ 桂花树
スギ 杉
サツキ 杜鹃花／五月
ラカンマキ 白桦树
（小叶罗汉松） （小叶罗汉松）
ウメモドキ 落霜红
ゴヨウマツ 五叶松
サワラ 日本花柏
キンモクセイ 金木犀
カナメモチ 光叶石楠
清香书院
木 屋
清香轩
地板
地板
走 廊
谒见之间

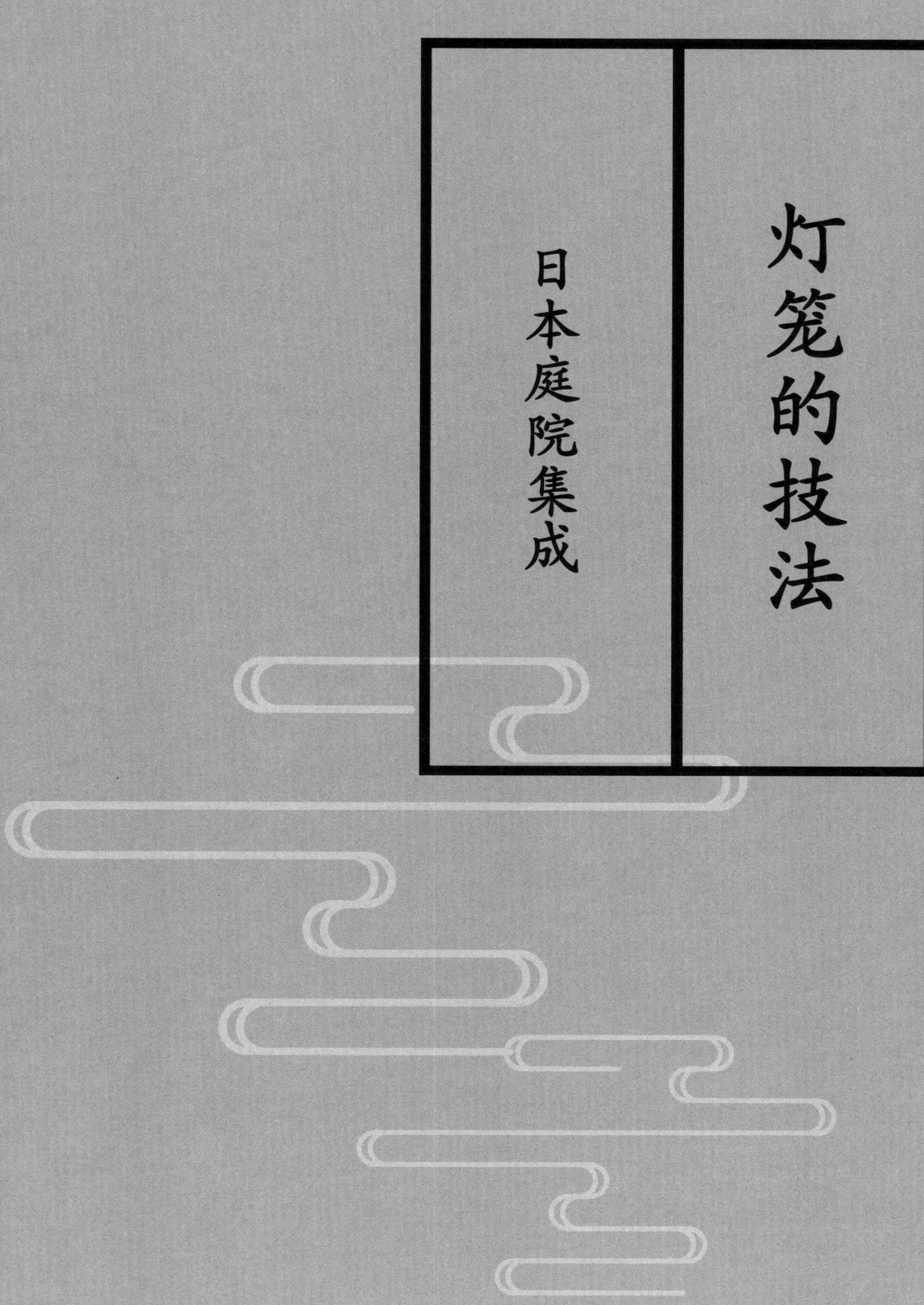

灯笼的技法

日本庭院集成

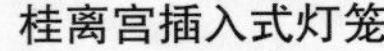

桂离宫插入式灯笼

桂离宫的织部灯笼

茶庭的灯笼

最初在庭院中设置石灯笼的是千利休。在《贞要集》中有这样的记载："对于石灯笼在茶庭内的设置，利休将石灯笼放在岛边和野地边，使石灯笼的残火变得非常有趣，体现出静谧的氛围，因此在茶庭设置石灯笼有非常好的效果。"

因为灯笼残火的景致非常有趣，所以在茶庭设置石灯笼的传统就传承了下来。其实最早的岛边和野地边多为墓地，在此处设置烛火大概是为前往黄泉世界的死者进行献灯吧，利休当时是否有这种想法，后人也是不得而知。但从此以后，石灯笼成为茶庭中必需品，其变化也根据实际的情况来进行确定。

如果按照《贞要集》中的说法，千利休要在茶庭设置石灯笼的原因是，相比石灯笼本身带来的光亮，其作为景致的作用更佳。故此，在茶庭内设置石灯笼，如何才能发挥出其景致的一面，这其实是最重要的问题。

利休所说的，由残火之物所感受到的寂寥之光，到底是什么呢？从这一问题的基本出发，为了表现这样的风情，石灯笼的设置方法、点火方式、熄灭方式、灯室的规格、灯芯的使用方法、清扫的方式等，需要根据方方面面的实际情况进行细化和钻研。此外，在雨夜、雪夜及月夜，石灯笼的点灯方式和熄灭方式等也要进行考虑。只有将这些方面一一考虑到，才能表现出令人叹为观止的风情。另一方面，也要从客人的角度出发，为了使客人能够感受到设计师想表达出的风情，去创造出各种不同的方式。

基于以上的问题，茶庭内石灯笼的设置，要根据场所的不同而赋予石灯笼相应的变化。对于茶庭入口的脚下照明、正门周围的照明、蹲踞周围的照明、雪地的照明、中门周围的照明等非常重要的场所，要进行尤为精心的设置。特别是在蹲踞周围的和中门周围一定要设置石灯笼，在完成照明作用的同时，务必要表现出其令人叹为观止的风情。

千利休喜爱的石灯笼、织部喜爱的石灯笼、远州喜爱的石灯笼、宗和喜爱的石灯笼，实际上石灯笼因受到很多茶道名人的喜爱并流传了下来。各位茶道名人为了把自己的理想融入世界中，纷纷在各自的庭院中进行精心的设计。本书中所收录的各家石灯笼，即使是有着相似的形状，但其实每一个都是这世间绝无仅有的。这些石灯笼凝聚了各种各样的制作方法，它们的设置方法也是各不相同。但是，任何石灯笼的设置理念都是相同的，那就是要充分遵照庭院的变化，务必使石灯笼表现出令人叹为观止的风情。

庭院的石灯笼并非只是单纯地进行放置，实际上应该发挥其应有的作用。结合庭院的全体，石灯笼应怎样进行有效地配合？以桂离宫为例，让我们简单地进行探究。

桂离宫的庭院拥有大小五个岛，1700余坪的池泉是其中心区域，西侧有御殿，在池泉的四周还有有四个茶亭和两个候客室，并配置有一个堂舍，其间有120余米的露天小道，还有数十座桥，是一座近12000坪的庭院。桂离宫是八条宫家首任智仁亲王（1579—1629年）大约于元和年间建造的，第二代的智忠亲王（1619—1662年）基本建造完成了现在的庭院，至于细节的部分，大约在第七代的家仁亲王（1703—1767年）时期完成了。

桂离宫的石灯笼按照形式进行分类的话，织部石灯笼有七座，雪花形石灯笼有两座，六角灯笼有一对。那么，就让我们从玄关开始顺道前行，看看这些石灯笼吧。

桂离宫的织部灯笼和萤桥

桂离宫的两层斗形手水钵

玄关前的织部灯笼

这是位于桂离宫玄关前的石灯笼。进入中门后，站在轩内田形的铺路石上，在左侧看有凌空飞石，正面可看到有立式的手水钵。此手水钵放置于底座基石上，还能够看到未打磨的切凿石面。此时，还没有看到有石灯笼。踏上く字形的踏脚石，转眼就可以看到矗立于筑山腹地的织部石灯笼。这个织部石灯笼的顶部同标准的织部石灯笼顶部形状有所不同，在灯顶的上部有一欠损处，其大小比宝顶接露盘要小。在玄关的前面设置石灯笼，意义在于引导客人进入主人的世界。

从玄关往里走，可见月波楼。月波楼虽称为楼，却是一单层建筑，一边临水，石砌护坡较高，从对面的松琴亭看过去，如同城楼。临水有一观月的木平台伸出，为见月台，是为复现白居易的“月点波心一颗珠”而建，在日本后续的许多园林建筑中都可以见到，是日本园林的典范。而后的御幸门为后水尾天皇的行幸而建。这是一扇朴素的山墙造茅草门，不是规格很高的四脚门，而是栋门形式。柱子和梁使用带皮的材料，门前旁边的方形切石称为“御舆石”，据说是天皇下轿的地方。

插入式圆形灯笼

沿着凌空飞石道，前行大约十块踏脚石的路程，在左侧处设有一座插入式圆形灯笼。其高度大概为二尺九寸，灯顶为圆形，采用丰岛石制成。虽然现在这座石灯笼单纯为庭院道路照明之用，但在最早的时候，灯笼的附近还设置有茶庭门，且在左右侧设有木栅栏围墙，因此这座石灯笼也曾作为茶庭门的照明之用。另外，此石灯笼的形状同修学院离宫上茶屋处的瀑布形石灯笼非常相似。近处有一处广阔的延展阶层，附近的踏脚石雕有蝴蝶图案，在右侧种植着一片铁树。

插入式方形灯笼

延展阶层的左侧突出处，放置有方形的手水钵，近处设置有宽为六尺的前石，以供客人使用。此手水钵的水坑有不同的角，水通过两层渗透，也就是所谓的两层斗形的手水钵，雕刻有“凉泓”的铭文。作为此手水钵的照明工具，在其内侧处设置有插入式方形石灯笼。其高度大约为二尺五寸，采用丰岛石材制成，灯顶为山形，已经出现了脱落。火口的高度大约距离地面有一尺三寸，比凉泓手水钵的水面还要低，而且距离也较远，仅作为净手水钵照明之用，是非常罕见的使用方式。

在外腰挂的正面是植有铁树的筑山，这是一处别具风情的外茶庭景观。外腰挂是日本茶庭中的功能性建筑，中文的意思就是等候处，是被邀请来参加茶事活动的客人休息等待的地方。相对外腰挂还有内腰挂，外腰挂在外茶庭，内腰挂在内茶庭。在铁树的前面有呈直线延伸的延展阶层，在其凸出之处也设有移动式石灯笼。石灯笼的高度约为二尺七寸，采用丰岛石和其他石材混同制成。在山形灯顶的上部，有八片莲花瓣状模样的雕刻物，如同帽子状覆盖在上面。火口的位置也非常低，同凉泓手水钵一样，距离地面大约有一尺三寸的高度。这个石灯笼的样式感觉非常像路口地藏菩萨处供奉的石灯笼，火口和窗口都较小巧，夜间点亮时，让人可以从远处就能够看到地藏堂，比较有趣。

在石灯笼后部延展阶层的延长线上，设置有松琴亭和天桥，在树木丛中若隐若现。这样的景观似乎并非设计师有意所为，小小的石灯

桂离宫岬灯笼

笼吸引了人们的视线，并集中于一点。这座石灯笼同凉泓手水钵同样，灯室左侧的火口开口很大，更多的意义是来用来照亮碎石铺成的道路，从而把人们的视线吸引到那个方向。

池泉边的织部灯笼

作为桂离宫主要景致的池泉非常宽阔，树丛中的松琴亭及泉水时隐时现。但是，人们的视线并不会转向此方向。因为在池泉的左侧，有非常庄重的织部灯笼昂然矗立着，吸引着人们的视线。

织部灯笼的高度大约为四尺一寸，与池泉周边的踏脚石使用同种石材制作。织部灯笼是石灯笼中形状非常单纯、明快的一种，让人可以轻易感到其蕴含的优雅。这种优雅的一部分也来自其石材所具有的质感，这种质感可能是太阁石才具有的。

太阁石是丰臣秀吉在东山建大佛殿时，从银阁寺附近的内山开采的岩石，以供银阁寺修建围墙使用，故此被称为太阁石。现在在丰国神社的西侧仍残留有当时的石制围墙，其中大的岩石将近有三十吨重。太阁石是白川石的一种，是白川上游地区的京都·北白川的特产，品质评价也很高，说到京都的石头就会说白川石，镰仓时代被列为三大名石之一。大正时代以后，由于石造的衰退、容易采石的花岗岩枯竭以及京都市的条例禁止切割的因素，北白川的石头切割逐渐被叫停，现在主要使用濑户内海的花岗岩。另外，北白川爱乡会制定的“北白川史迹和自然之路”的路径中也包含了切石场的遗迹，现在也可以参观。

此石灯笼是用来照亮其右前方的石桥。而石桥被称为萤火桥，桥下有大堰川流过，桥的左侧下部有二十厘米程度落差的鼓形瀑布。在其左侧可不断听到瀑布的声音，甚至在桥上也可听到。景观的右方完全变换为另一形式而展开。从沙洲开始到天桥立、松琴亭，一瞬间变换为一览无余的壮观景象。

桂离宫的基础是八条宫家第一代智仁亲王打造而成的。智仁亲王是正亲町天皇的皇孙，后阳成天皇的弟弟。智仁亲王起初是丰臣秀吉的义子，但因为秀吉有了亲生儿子，所以创设了八条宫家（桂宫家）。本邸建在京都御所北侧，面向今出川通（但只留下筑地墙和正门、敕使门，建筑物群移建到二条城）。

桂离宫作为最古老的回游式庭园而闻名，庭园与建筑融为一体，形成了日本式的美。许多外国建筑师也高度评价桂离宫，认为它是在简朴中体现美和深刻精神的建筑及庭院。关于作庭者，自古就有小堀远州的传说，但很难认为是远州自己直接指派作庭的。实际有可能参与作庭的人物有远州的妹夫中沼左京、远州门下的玉渊坊等人。

桂离宫的书院分为“古书院”“中书院”“新御殿”三部分，其中古书院的建设时间估计是1615年前后。八条宫家第二代智忠亲王继承了书院、茶庭院等的建造，花了数十年时间进行了整备。八条宫家在先后更名为常盘井宫、京极宫、桂宫之后，从1883年开始归宫内省管辖。第二次世界大战后，由宫内厅管理。在1976年开始实施的大修中，文化厅为了调查，在中书院地下进行挖掘工作时，发现了人工水池的痕迹。在那里发现了很多桂离宫建造之前的遗物，成为桂离宫是在智仁亲王发现的桂殿的遗址上建造的证据。

沙洲边的岬灯笼

继续前行，沙洲中的天桥立延伸向右侧，松树的影子映衬于水池中，松琴亭矗立于茂盛生长的草坪的对面。在左侧处架有大石桥，碎

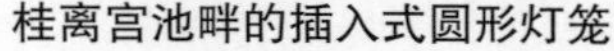

桂离宫池畔的插入式圆形灯笼

桂离宫山脚的插入式圆形灯笼

桂离宫的松琴亭

石道沿池畔缓缓延伸。在这雄伟景观的中心，设置有称为岬灯笼的台式石灯笼。其高度为二尺二寸被固定在沙洲岬的凸出岩石上。石灯笼的顶端虽有部分破损，但看起来还是非常优美。在这片无论那一部分都值得一观的美景之中，这个朴素的石灯笼却能够强有力地吸引人们的视线。这是因为沙洲和石灯笼的组合非常好，沙洲对石灯笼的美赋予了大的影响。

岬灯笼最初只是像灯塔一样放在庭院靠水的地方或者水面上的，就像海角上的灯塔一样照亮水面。不过，由于其可爱的形状，在其他窄小的地方也容易搭配，所以放在没有水的庭院的例子也有很多。

池畔的织部灯笼

怀着对前一个石灯笼恋恋不舍的心情，跨过溪间的垫脚石，往前走几步，道路变得陡峭，出现一个小小的隘口。隘口右下边池塘畔，伫立着矮矮的织部灯笼。高约三尺三寸，柱子上雕刻的地藏像几乎无法看清，就这样静悄悄地伫立在树丛之间，不走近都没有办法发现它的存在。对比之前那座设置在池泉边的织部灯笼，周围什么都没有，醒目地矗立在那里，这里的织部灯笼设置和池泉边的那一座的形成了鲜明的对比。

小小的隘口上棱线清晰的踏脚石像乘越石（注：放在主人和客人之间的石头，双方隔着乘越石相互问候）那样高高凸起。这块石头既是隘口石，也是结界物。也就是说，虽然这里没有中门，但实际起到了中门的作用。

这里同样使用了隧道效应的手法。透过隘口，想看清灯笼的话，松琴亭被灯笼四周的障木遮住，从视线中消失。跨过五六块垫脚石后，松琴亭再次出现在眼前。松琴亭的茶室的房檐也能看见。此时就进入了内庭院。一盏石灯笼，一片树丛和小小的隘口共同缔造出完美的结界，制造景色的变幻。四周是巍峨的点景石和气派的大石桥，草木繁盛，郁郁葱葱，共同构成深邃的秘境，让人再一次进入未知的世界。宽二尺，长三间有余的大石桥面朝茶室一直线架起。这座石桥使用了白川石，因此被称为白川桥。其设计是非常大胆的一字设计。

池畔的插入式圆形灯笼

茶室前面，三方交错的垫脚石被组合在一起。在距离这个茶室和石桥稍远处的池塘边，伫立着插入式圆形灯笼。高约二尺九寸，丰岛石制，顶盖有些风化，灯室接近球形，左右分别是圆形和三角形的小窗。这个灯笼所在的池塘边立着一块大大的护岸石，茶会中场休息时看松琴亭的话，这处景致非常惹眼。设计师应该考虑到了这块点景石。作为内庭院的灯笼，隐藏在深处，如果不仔细看的话，都不知道那里有灯笼。这种设计方法不将灯笼作为重点，而是将景致放在第一位考虑。

山脚的插入式圆形灯笼

茶会中场休息时，回到大石桥，跨过散立的点景石间的垫脚石，走过架在新川上的石桥，登上横在山腹间的陡坡，抵达松琴。途中，山脚的低洼处伫立着一座插入式圆形灯笼，高约三尺三寸，丰岛石制，点火口为圆形，外形温和。将灯笼矮矮地设置在低洼处是桂离宫设置灯笼的特色之一。这里的灯笼也被设置在山脚低洼处，这样的设计应该首先考虑到的是为脚边照亮。

桂离宫等候处的插入式方形灯笼

桂离宫的靠泊处

松琴亭的插入式圆形灯笼

通往松琴亭的道路除了这条路，还有一条从红叶马场出发、横渡红色长桥的道路。为了给这座桥照亮，松琴亭西北侧的草坪间也伫立着插入式圆形灯笼。高约三尺五寸，丰岛石制，顶盖有些风化呈山形，左右有倒三角和菱形的小窗。

从松琴亭那边看过来的话，灯笼被前面的松树挡住，几乎看不见。这些灯笼为石桥照亮，同时又尽量不破坏松琴亭前的草坪周围的景致。这个灯笼被称为雨夜灯笼，雨夜时点亮的景致十分美丽。

堤坝旁的织部灯笼

通往松琴亭除了从庭院走和从长桥走，还有一条路是乘船。松琴亭西侧房檐的砌石的堤坝下方是小船的泊靠处，此堤坝的倾斜面处设置有织部灯笼，高约三尺，丰岛石制，宝顶和幢顶很薄，灯室的左右有日月图案，下部雕刻地藏像，属于造型简单的织部灯笼。这座织部灯笼为泊船处照亮的同时，也是松琴亭西侧的一大景致。该泊靠处的垫脚石也采用了错落有致的铺设手法，屋檐边的石道沿着松琴亭后山的樵山山脚向南方延伸，直抵没有任何点景石而又幽邃的萤谷。

走过架在山谷间的土桥往右走，就到了大山岛的东北端，大山岛与古书院相对而立，内有赏花亭，土桥左右因周围的树木郁郁葱葱而显得十分寂静。远处是拥有池中小岛和隔扇屏风的“龟之尾”，其周围的景色在灯光中熠熠生辉。

山上的水萤灯笼

石道陡峭，一鼓作气攀登而上，登顶后望向前方左手边，堤坝斜面立着一座水萤灯笼。高约二尺二寸，丰岛石制。笠略风化呈山形。灯室方形，点火口四角形，左右为倒三角二层重叠的小窗和两个三角纵向相对形状的小窗。两个三角形相对形状的图案透出来的灯光投映在水中，摇曳的样子好似萤火虫交织飞舞，因此称为水萤灯笼。

桂离宫萤火虫非常多，在平安时代已被世人所熟知，也流传下来很多萤火虫相关的故事。萤谷从古书院方向看过来正好位于水萤灯笼后侧，水萤灯笼也可能得名于此，可说是伫立在了最符合它得位置，既为山路照明，又传承了很多故事。这种伫立在山上的灯笼，另外还有两盏。一盏位于平山之上，另一盏位于松琴亭后的樵山之中。两盏都用作道路照明，丰岛石制。樵山中的灯笼，灯室同样是有两个三角形相对图案的小窗，伫立在正对松琴的斜面上，或许从　亭处看来也有像水萤灯笼一样的点缀效果。

水萤灯笼正前方的池塘边有石台阶，算作一处小小的泊位。从此泊位经过水萤灯笼往前行，左侧近山处有一亭。此亭为四季的赏花茶亭，从亭中眺望远方，爱宕山、小仓山等远山之景令人叹为观止，非正面宅邸之景可及。现在这个茶亭周围除了面前有一个大大的铁钵形的被称为“冰玉”的洗手盆，再无其他茶室相关的摆设了。

坡道上的织部灯笼

向着池塘方向走下左方的坡道时，途中伫立有织部灯笼。高约三尺二寸，矮矮地伫立在那里。此灯笼旁边的小路同时也是通往园林堂的道路，灯笼为道路照亮。此灯笼所在的位置出人意料，除了为道路照亮，应该还有某些不为人知的特别作用。

沿着池塘边，在织部灯笼旁的小路上稍微前行几步，石道上出现了葛石堆，周围的树木也变成了樱花树，垫脚石也变成了正方形的石

桂离宫六角灯笼

桂离宫的织部灯笼

桂离宫山脚的插入式圆形灯笼

头，标志着此时已经进入了园林堂。

六角灯笼

园林堂位于大山岛西侧，是供奉灵牌的祠堂，由二代智中亲王建造，供奉着初代桂光院宫（智仁亲王）的牌位和画像，同时也收纳了细川幽齐的画像和书信，之后代代牌位都供奉于此。祠堂是一个庄严的世界，即便是在山林之间亦是如此。垫脚石不可使用自然的形状，而要用切成四方形的石块，这样才显得庄严端正。

林园堂前有一对六角形的石灯笼，高约六尺，除了灯室的所有部分都是六角形的。点火口四面切成大大的四角形，幢顶像蕨菜一样缓缓卷起，中台和台座由有十二瓣莲花瓣，柱子上刻有竹节。

这里还设置了木瓜形状的洗手盆。园林堂周围使用了很多丰岛石，庭院中的丰岛石灯笼也多是当时制作的。

雪见灯笼

园林堂正对面的池塘上架有土桥，向着梅马场的方向笔直延伸。走过土桥稍前行几步，右方出现石子小路。这四周是房屋像大雁列队一样排列，从这附近眺望到的景色最为美丽。笑意轩从池塘对面看过来十分美丽，可说是园林堂中景色最美丽的地方。

在这景色别致的池塘堤坝上，伫立着雪见灯笼。高二尺四寸，无宝顶，幢顶、灯室、幢身都为六角，基座有四足，每足由一块石头制成。点火口很大，为横向延展的矩形。幢顶很薄，幢身的后侧和基座为曲线设计，非常优美。

这是一处非常适合眺望四周景色的地点，相反从四周眺望此处却什么都看不到，只看到通往梅马场的路一直线延伸。在此处设置优美的雪见灯笼，使原本单调的空间变得生动。桂离宫的灯笼被放在如此重要的位置的，只有寥寥数盏。此外，此处从笑意轩望过来处于正北，是一处看雪的好位置。

桂离宫从平安时代起便是山中别墅，据传关白藤原道长等人也在此居住过。特别是藤原忠通特别喜欢桂离宫，还特意来此处赏雪。这种钟情于雪的细腻情感从雪见灯笼中可以感觉到。雪见灯笼确实也是桂离宫所有灯笼中最美的一盏。

三角灯笼

经过雪见灯笼，沿着梅马场走十间房子左右的路程，便到了笑意轩。途中隐藏着一盏三角灯笼。这座石灯笼高三尺二寸，无宝顶，幢顶、灯室、幢身都呈三角形。基座共三足，每足由一块石头制成。这是一座少见的三角灯笼，似乎除此之外只有备北村家和成就院有相同形状的三角灯笼。在创作上是否独具创意尚未可知，但灯笼的设计确实出人意料。除了圆形，三角形是构成面的最小条件，在如此苛刻的条件下照明，确实非常有趣。

三角灯笼所在的地方，最初设有庭院门，以及客人等候室。现在仍留有像是等候室的基石和散石。灯笼为庭院门照亮，穿过庭院门就能看见三角灯笼。笑意轩之名据传取自李白的《山中问答》：

“问余何意栖碧山，笑而不答心自闲。

桃花流水窅然去，别有天地非人间。”

想来如果问当初的设计师，为什么要将这个石灯笼设计成三角，设计师大概也不会回答，只是微微一笑吧。在桂离宫中，三角灯笼可

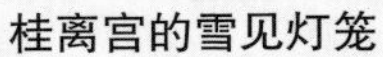

桂离宫的雪见灯笼

桂离宫的织部灯笼

桂离宫的三角灯笼

以说是放在最深处的最后的灯笼。

三光灯笼

笑意轩前有一处与笑意轩平行，大约有十间房那么宽的大靠泊处。在这里可以靠船上岸。在靠泊处缘石凸出端伫立有置灯笼。纵九寸四分，宽一尺四寸六分，高七寸四分。灯室前后雕刻有日月并存图案的小窗。这是一盏非常小的丰岛石制的灯笼，称为三光灯笼，寓意日月星辰。与宽大的靠泊位相比，灯笼显得非常小，设置的位置得也非常低，但是从古书院附近的方向看过来，即便隔着两座土桥也能清晰看见。灯笼为靠泊处为照亮，充分发挥了照明作用。

从笑意轩前的小路出发，返回三角灯笼前的飞石道，走出梅马场，然后返回雪见灯笼前，沿着左侧的小路向古书院的方向走去，沿途可细细感受着高床式书院建筑所蕴含的美。桂离宫沿路的环游会比泛舟游玩精彩许多，但迄今为止介绍到的这些灯笼，很多都有加入了桂离宫的舟游路线，所以无论走路还是乘船都是可以观赏到的。

靠泊处的织部灯笼

古书院设有赏月台，从东侧的广缘来到庭园内，横穿小路来到泊靠处，可以在这儿乘上小船。在这个泊靠处也摆放着织部灯笼。高约三尺，只有柱子部分使用丰岛石，是无地藏图像的简单型织部灯笼，与松琴亭旁的靠泊处的织部灯笼相对应。

宝历九年（1760 年）夏，根据家仁亲王游玩时的记录，由于中午太热无法外出，到傍晚五点前后乘舟泛游。池中盛开着萍蓬草，蒲苇茂密，有许多小鸭子在池中游玩。到了夜晚，登上月波楼，开始设酒宴。记录中写道：“……庭园内有许多乐趣横生的地方，例如书院前的桥、书院对面的水萤灯笼、松琴亭前的雨夜灯笼等。有时候远离了灯笼的照明范围，反而就能体会到灯笼的灯光营造出的乐趣。”

中岛上的织部灯笼

这座织部灯笼位于东北部中央的岛上，刚好正对着松琴亭的小舟停靠点，刻有地藏像，现在能看清的只有脸的部分。如果把这个中岛当作蓬莱岛，那么这个蓬莱岛上也有灯光了。桂离宫的七座织部灯笼中，只有古书院前和松琴亭前的两座织部灯笼没有刻地藏像，设计十分简单。

织部灯笼是根据古田织部的喜好来设计的，因为摆放在古田织部的墓前，因此命名织部灯笼，非常受风雅之士的欢迎，也有别称叫切支丹灯笼和玛丽亚灯笼。

进入近代后，开始流行多种祈福形式，其中一种就是地藏祈福。出自对地藏的信仰，智忠亲王将其摆放在庭园内。日本的地藏菩萨则被视为小孩的守护神。日本民间有这样的一段传说，比父母先亡故的小孩，因为损害孝行，无法度过三途之川去投胎，而被惩罚留在河岸边堆石头，为父母累积福报，但总会有魔鬼来破坏辛苦堆积的石头，于是地藏菩萨会让这些孩子躲在自己的披风下来躲避魔鬼，因而被视为小孩的守护神的地藏菩萨有很多化身，若是在寺院中看见穿戴着红色帽子和披风的地藏尊，可能是保佑小孩平安健康长大的子育地藏，也可能是为了不幸早逝的孩子祈福的水子地藏。以幸福地藏闻名的京都铃虫寺，每到假日参拜客络绎不绝；镰仓长谷寺的境内有三组良缘地藏，据说成功找到三组良缘地藏的人就会获得幸福；在路边也可能

岩本邸的织部灯笼

上 岩本邸 摆放有岬灯笼
下 岩本邸 无摆放灯笼原貌

会看见道阻神地藏。地藏菩萨虽然是外来的神明，已俨然成为日本民俗中的一部分。

智忠亲王生来体弱多病，结婚后也无子嗣。据说是为了恢复健康和后世的诞生对地藏进行了请愿。结果并没有能如愿，最终只得将后水尾法皇子幸宫作为养子收养了。这是对桂离宫使用很多织部灯笼的理由所进行的众多推论中较为有说服力的一种。大多数统治者都会对祈祷长寿延年、子孙繁荣等，从桂离宫的织部灯笼摆放的方法来看，如果没有相关强烈的愿望应该是无法如此设计的。

中岛的置灯笼

这座置灯笼设置在中岛的赏花亭附近，高度约为半米，风格非常简单，材料也是普通的石材，是小船照明用的灯笼。

月波楼的埋地灯笼

月波楼的门前有镰状的手水钵，对其进行照明的就是一座埋地灯笼。高度将近一米，由丰岛石而制，火口有半米之高，可以充分发挥照明的作用。

本书列举了石灯笼的各种类型，从献灯开始到玄关前的灯笼、茶庭的灯笼、露天小道上的灯笼、筑山的灯笼、池畔的灯笼等，对这些灯笼在庭院当中所发挥的作用以及背后的故事进行了阐述。

在这里需要注意的是，除了献灯用的灯笼，其他种类的灯笼构造均处于低矮状态。因为是风景优美的庭院，灯笼是不允许突显其特色的，即使是显眼的灯笼也是在景观中得到协调之后，它的价值才能被体现处来。

桂离宫的灯笼不能说都是十全十美的，当中也有造型粗糙的，但是从使用方法来看，每一个座灯笼的使用方法都是非常完美的，作为庭院灯笼堪称典范。

庭院的灯笼和堂前的献灯有区别，在发挥照明作用的同时，如果能具备各自的主题应该是最好的。比较优秀的庭院灯笼都具备了相应的主题，无论是桂离宫还是修学院的灯笼，还是冈山后乐园的萤灯笼、劝修寺的劝修寺灯笼、成就院的蜻蜓灯笼、兼六园的琴柱灯笼、真如院的瓜实灯笼等，这些石灯笼每一座都具备了相应的主题和故事，同时还具备了独特的形状特征。如果能放置在符合庭院氛围的地点，是非常完美的。

灯笼的灯光还能让内心平静，通过点亮灯火可以将庭院变为另外一个世界。希望有更多的人能够来欣赏点亮灯笼后的那种静谧的景色。

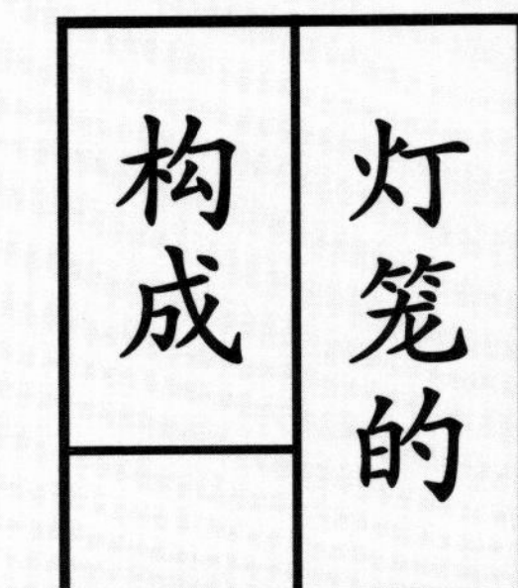

无论是神社和寺庙的献灯，还是庭院里放置的石灯笼，灯笼的主要目的在于点火照明，因此石灯笼的主要部分不用多说，应该在于灯室。以灯室为核心进行装饰以及追加功能后，石灯笼也就完成了。在这里我们选择标准形状的六角灯笼，从下往上逐一对各组成部分进行探讨。

(1) 基坛

摆放石灯笼的时候，首先要巩固地基，基坛就是放置于地面上的平板或者是坛状的石头，俗称"泥板"。这是为了预防基础以上部分被泥土弄脏，另外还能用于巩固石灯笼整体的稳定。

(2) 基座

石灯笼主体的最下端。也有人称之为"地轮"，但是这是五轮塔的空、风、火、水、地、各轮的最下端的名称，因此通常不这么叫，以免产生歧义。

基座的上面称为上端，中间有承接柱子的台座，以及连接柱子榫头的榫眼。榫眼的构造具有可以鉴证制作年代的要素，所以在安装和拆卸的时候，需要进行仔细地观察。最古老的结构是为了适应柱子直径的大小，将榫眼整个套入，也就是所谓的整体插入式。后来受到朝鲜的影响，飞鸟寺遗址、兴福寺中金堂前等处的石灯笼的构造也逐渐产生了变化。因此，石灯笼的制作年代越久远，榫眼就越深，之后就随着时代的推进榫眼变得越来越浅，最终还出现了没有榫眼的石灯笼。

台座周围的莲花瓣称为反花。这是因为莲花已经完全绽放后快要凋谢之前的状态，因此能目睹反莲花瓣的反面。莲花有单瓣和复瓣，花瓣隆起一个时为单瓣，隆起两个被称为复瓣。在单瓣中没有隆起的被称为是素瓣，在花瓣和花瓣之间能看到的花瓣的被称为小花或间瓣。不仅是榫眼，莲花的样式是也是鉴定石灯笼年代的重要依据。

(3) 柱子

几乎所有时代的柱子都为圆柱状。但是作为例外，也有六角形和八角形。原则上，在柱子的上中下部分会有节，称为上节、中节、下节，以单纯的带状和连珠纹状的两种图案为主。随着时代的变迁，还会在柱子上面雕刻请愿的铭文等，所以在观察铭文的时候要注意这些文字是否为制作石灯笼时期雕刻的，还是后世追刻上的。

(4) 幢身

日语称"中台"，灯室最下部的基础部分，有莲花座之类的装饰。但是和基座上面的莲花瓣要展示其内侧的反花相比，中台的莲花瓣所要展现的是开花朝上花瓣的外侧，所以基本上为单瓣，偶尔也能发现复瓣。中台由相同厚度石材组合而成，在侧面多数会雕刻装饰，多为十二生肖等动物。

(5) 灯室

如前面所述，石灯笼中最为重要的部分为灯室。灯室要是呈六角形，自然而然灯笼也会为六角形。灯室呈八角的话，石灯笼则会成为八角形。因此无论其他部分呈何形状，灯室的形状将决定石灯笼最终的名称。而且石灯笼的正面会以灯室的火口为中心轴，因此拍摄石灯笼整体图的时候需要以火口为正面进行拍照，绘图的时候也是相同的。

要如何把握制作年代，用一句话来概括的话，年代久远的灯室内部比较深奥，火口也较为长广，如果实际点火照明过的话，灯室内部以及在柱子里应该会附着大量的煤烟。

石匠能在灯室的装饰上发挥出出类拔萃的技艺，装饰风格以纵格子、飞云、动植物、花朵等纹样为主，种类诸多，无法一概而论。也有雕刻佛像以及梵文的，佛像通常为如来部、菩萨部、明王部、天部，虽然地位会逐渐下降，但是恰好和石灯笼的制作年代变迁几乎一致，这是非常有趣的现象。

(6) 幢顶

幢顶覆盖在下方的灯室上，相当于屋顶。多为六角形和八角形，和建筑物的屋顶一样，刻有房梁，在屋檐前端部分向上卷。这种形状日文中称蕨手，当然也有没有蕨手形状的石灯笼的例子。随着时代的变化，屋顶的形状、高低、蕨手的垂直角度、屋檐和房梁也发生了改变。

幢顶也叫作灯盖，与基座遥相呼应，主要作用是是为了抵御风霜雪雨的侵袭。石灯笼的幢顶可以说是结合了实用性、几何美学和环境美学于一体的物品。不同种类的石灯笼，其幢顶的款式也有很多明显的差异。

(7) 宝顶

宝顶是盖在顶盖上的洋葱形状的部分。堂塔建筑、石塔的顶部、桥上的宝珠等都是类似的形状。宝珠位于石灯笼的最顶部，类似灯的灯芯和火焰。这个部位虽然看起来简单，但是在加工过程中极其容易折断，因此制作和维护时都要十分小心。

宝珠的曲线也随着时代的不同发生着微妙的变化。最初的花蕾全部是一模一样的，因之后逐渐开始呈现出顶部变尖，中部微微张开，下部缩小这一变化。比起单独使用一颗宝珠，采用莲花设计的情况更多。莲花的花蕾包着花蕊，时候一到便会盛开。当露出花蕊时，莲花也就开到了尽头，花瓣也四散开来，这个过程仿佛莲花的一生。这就是事物的始与终，可以说是佛教教义的最佳表现。

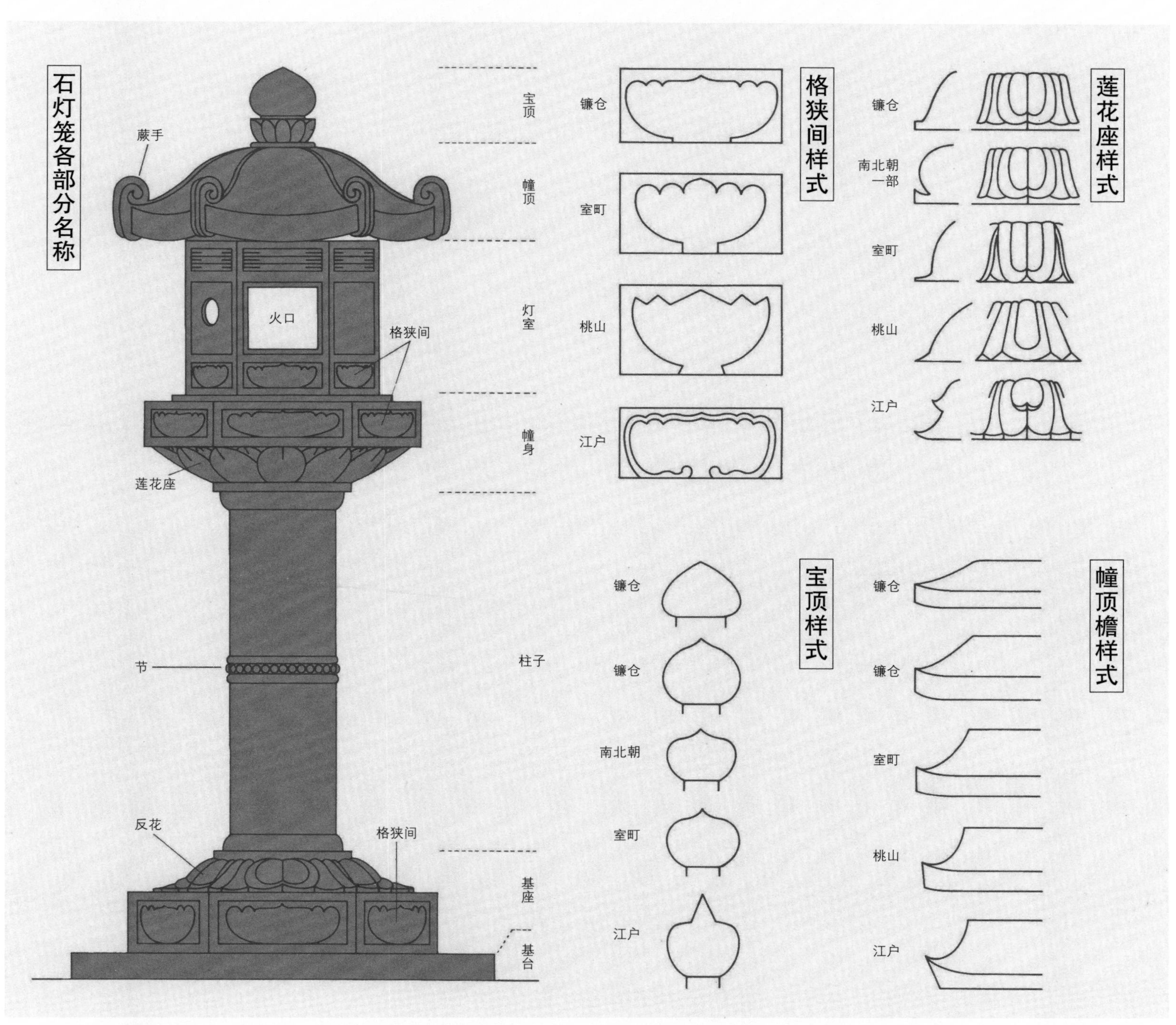

作图参照川胜政太郎著《日本石造美术词典》

图书在版编目(CIP)数据

日本庭院集成：全六卷 / 林理蕙光编著. -- 武汉：华中科技大学出版社, 2021.12
ISBN 978-7-5680-7564-0

Ⅰ.①日… Ⅱ.①林… Ⅲ.①庭院-园林设计-日本 Ⅳ.①TU986.631.3

中国版本图书馆CIP数据核字(2021)第198023号

日本庭院集成（全六卷）
Riben Tingyuan Jicheng

林理蕙光 编著

出版发行：华中科技大学出版社（中国・武汉） 电话：(027) 81321913
华中科技大学出版社有限责任公司艺术分公司 (010) 67326910-6023
出 版 人：阮海洪

责任编辑：莽 昱 康 晨 刘 韬 书籍设计：唐 棣
责任监印：赵 月 郑红红

制 作：邱 宏 北京博逸文化传播有限公司
印 刷：广东省博罗县园洲勤达印务有限公司
开 本：787mm × 1092mm 1/8
印 张：153.75
字 数：180千字
版 次：2021年12月第1版第1次印刷
定 价：2980.00元 (全六卷)

華中出版

本书若有印装质量问题，请向出版社营销中心调换
全国免费服务热线：400-6679-118 竭诚为您服务